Petra Durst-Benning / Carola Kusch

Die 100 besten Tipps
Gesunde Hundeernährung
So fühlt Ihr Hund sich wohl

LUDWIG

W0172503

Inhalt

Richtig ernährte Hunde besitzen mehr Kraft und Lebensfreude.

Nur gut ernährte Hündinnen können ihre Jungen über die Milch optimal versorgen.

Nach der Entwöhnung von der Mutter ist die richtige Ernährung besonders wichtig.

Vorwort

Für einen Hundebesitzer gibt es nichts Schöneres als seinen gesunden, lebhaften, fröhlichen Vierbeiner. Ein gesunder Hund ist immer guter Laune, stets zum Spielen aufgelegt, begleitet uns mit Begeisterung auf großen Spaziergängen, beim Joggen oder Schwimmen und nimmt regen Anteil am Leben seines Zweibeiners.

Um diesen idealen Zustand zu erhalten, würden die meisten Hundebesitzer fast alles tun. Dennoch ist es erstaunlich, wie voll die Wartezimmer der Tierärzte heutzutage sind. Vor allem Hunde in der zweiten Lebenshälfte werden oft Stammgast bei ihrem Tierarzt. Futtermittelallergien, Hauterkrankungen, chronische Entzündungen der Ohren oder erhöhte Anfälligkeit für Infektionen – um nur einige der möglichen Leiden zu nennen – sind aber fast immer die sichtbar gewordenen Symptome für einen nicht artgemäßen Umgang mit dem Hund, der sich über einen langen Zeitraum mit kleineren Unpässlichkeiten in einer Krankheit manifestiert hat.

Hundenahrung soll Leben spenden und Ihren Hund gesund, aktiv und vital erhalten.

Ein lebhafter Hund mit schönem, glänzendem Fell erfreut jeden Tierhalter.

Krankheiten durch richtige Ernährung vermeiden

Dies ist kein Buch über Hundekrankheiten und ihre Ursachen. Was wir Ihnen und Ihrem Hund mit auf den Weg geben möchten, ist – frei nach dem Motto »Vorbeugen ist besser als heilen« – eine Vielzahl von Möglichkeiten, wie

► Sie durch die richtige Fütterung Ihren vierbeinigen Freund vom Welpenalter an natürlich gesund und fit erhalten können;

► Sie das Immunsystem des Hundes durch natürliche Zusätze zum Futter auf völlig ungefährliche Weise stärken können;

► Sie ohne chemische Mittel Krankheiten vorbeugen können;

► Sie die Leistungsbereitschaft Ihres Hundes auf natürliche Weise steigern können;

► Sie trotz Veranlagung Ihres Tieres zu irgendwelchen Leiden seine Gesundheit stabil erhalten können; und wie

► Sie die Altersbeschwerden Ihres Hundesenioren so gering wie möglich halten können.

Schließlich gilt auch für Hunde der Satz: »Man ist, was man isst!«

Eine gesunde, ausgewogene Ernährung ist daher der Grundstock dafür, dass Ihr Hund sein Leben lang gesund und fit bleibt.

Geheimtipps von Hundekennern

Um das zu erreichen, haben gute Züchter, die ihre Aufgabe ernst nehmen, und versierte Hundefreunde ihre Geheimtipps, die weit über das Basiswissen zum Thema Ernährung hinausgehen. In den meisten Fällen werden sie gehütet wie ein kostbarer Schatz und nur selten an befreundete Hundebesitzer weitergegeben.

In diesem Buch werden solche Geheimnisse nun für Sie gelüftet und zudem altbewährtes Wissen neu entdeckt: das Wissen um die alten und immer wieder erprobten Tipps zur natürlichen Gesunderhaltung Ihres Hundes.

1

Eine gesunde, ausgewogene Ernährung beugt nicht nur Krankheiten vor, sondern erhöht die Vitalität des Hundes, stärkt sein Immunsystem und sorgt zudem für schönes Aussehen.

Mit ausgewogener Hunde-nahrung fördern Sie die Entwicklung Ihrer Welpen.

Nahrungszubereitung und Fütterung

Zu Beginn möchten wir Ihnen das »Drumherum« der Hundefütterung ans Herz legen, denn auch das beste Futter muss richtig zubereitet und angeboten werden, damit es vom Hund gern gefressen und bestmöglichst verwertet werden kann.

Welche Arten Fertigfutter gibt es und wie werden sie verfüttert?

Wer zum ersten Mal in einem großen Hundefuttergeschäft steht, wird angesichts des riesigen Angebots wahrscheinlich am liebsten wieder davonlaufen wollen. Wer hier die Wahl hat, hat die Qual. Es gibt nicht nur unzählige Sorten, viele Hersteller bieten außerdem Hundenahrung auch noch in verschiedenen Konsistenzen an – als Trockenfutter, als so genannte Halbfeuchte Nahrung und als Dosen(komplett)futter. Bevor Sie einkaufen, sollten Sie sich einen Überblick über die einzelnen Futtervarianten verschaffen, denn die Art der Futterzubereitung hängt entscheidend von der Futterkonsistenz ab.

Trockenfutter

Dieses Futter enthält nur noch etwa 10 bis 15 Prozent Wasser und wird meist in Krokettenform angeboten. Trockenfutter können Sie Ihrem Hund zum Beispiel direkt aus dem Futtersack – also trocken – in den Fressnapf füllen. Einige Hunde mögen es jedoch lieber, wenn es zwar in frischem Wasser schwimmt, aber noch schön knirscht beim Fressen, andere lieben es nur gut eingeweicht.
Sollten Sie Ihrem Hund sein Futter in trockener Form vorsetzen, müssen Sie unbedingt dafür sorgen, dass er danach genügend Wasser

2

Sie sollten Hundefutter nur im Fachhandel kaufen, wo Ihnen fachkundiges Personal eine gute Beratung garantiert.

6

zu sich nehmen kann. Am bekömmlichsten und am besten verdaulich ist Trockenfutter für Ihren Hund, wenn es eine Stunde in Wasser eingeweicht wird, bevor Sie es in seinen Fressnapf geben.

Trockenfutter hat den entscheidenden Vorteil, dass man es in großen Mengen (in Säcken mit 20 oder 30 Kilogramm) kaufen kann und es relativ lange hält. Achten Sie beim Kauf auf das Verfallsdatum!

> 🐕 **Achtung** Ein Nachteil von Trockenfutter besteht darin, dass ein Hund hiermit sehr schnell überfüttert wird. Die Menge, die Frauchen oder Herrchen in trockenem Zustand in den Napf füllt, sieht meist sehr karg aus. Bedenken Sie jedoch, dass dieses Futter spätestens im Magen aufquillt und oft das Doppelte bis Dreifache an Volumen erreicht!

3 Werfen Sie beim Kauf eines Futtersackes immer auch einen Blick auf dessen Unterseite: Ist der Futtersack zu lang gelagert worden, erkennt man dort oft einen Ungezieferbefall.

Halbfeuchte Nahrung

Dieses Futter enthält etwa 25 Prozent Wasser und ähnelt in seiner Konsistenz kleinen Würstchen aus Hackfleisch. Es ist weich und lässt sich leicht zusammendrücken. Viele Hunde, die Trockenfutter ablehnen, fressen diese Nahrung gern. Halbfeuchte Nahrung kann wie Trockenfutter in großen Mengen auf Vorrat gekauft werden. Auch hier sollten Sie auf das Verfallsdatum achten.

Halbfeuchte Hundenahrung enthält relativ viel Zucker (damit wird sie haltbar gemacht), was natürlich in Bezug auf die Zähne des Tieres negative Auswirkungen haben kann.

Dosenvollnahrung

Diese Futterform enthält im Schnitt etwa 70 bis 75 Prozent Wasser. Zwar wird Dosenvollnahrung von Hunden relativ gern gefressen, hat aber gegenüber den beiden anderen Formen des Hundefutters einige entscheidende Nachteile: Zum einen enthält sie in den meisten Fällen einen hohen Anteil an Karamell, wodurch die Haltbarkeit gewährleistet wird. Karamell verursacht beim Hundegebiss jedoch Karies und vor allem sehr hartnäckigen Zahnstein mit anschließendem üblen

4 Bei der Fütterung von halbfeuchter Nahrung sollten Sie unbedingt Kauprodukte und hartes Hundebrot zufüttern, damit das Gebiss des Hundes nicht unterfordert wird.

Maulgeruch und Zahnausfall. Zum anderen sind Dosen sehr schwer und relativ teuer. Besitzer von kleinen Hunderassen können diese Ausgaben vielleicht verschmerzen, bei großen Hunden dagegen geht eine Ernährung ausschließlich aus der Dose ganz schön ins Geld. Nicht zuletzt sollte man sich aus Gründen des Umweltschutzes auch einmal den Berg Weißblechabfall vor Augen halten.

Dosen – ein Abfallproblem

Ein Hund mittlerer Größe wie der Border Collie zum Beispiel müsste den Inhalt von mindestens zweieinhalb Dosen zu je 500 Gramm am Tag fressen, um richtig ernährt zu sein – siebzehneinhalb Dosen in der Woche, siebzig Dosen im Monat und mehr als achthundert Weißblechdosen im Jahr!

Schränken Sie diese anfallenden Massen an Blech durch eine andere Form der Ernährung ein. Als Alternative ist zum Beispiel eine gemischte Fütterung möglich. Sie besteht aus Trockenfutter, das nur Zerealien (Getreide und Gemüse) enthält, mit einem Zusatz von Dosenfleischnahrung, in welcher dann nur Fleisch enthalten ist.

5
Fleisch aus Dosen kann statt mit Trockenfutter auch mit gekochtem Reis und Gemüse gefüttert werden.

Es muss nicht immer aus der Dose sein – Bello freut sich auch über Selbstgekochtes!

Wie viel Futter braucht ein Hund?

Der Energiebedarf und damit die Futtermenge eines Hundes hängt sehr stark von seinem Energieverbrauch ab. Auch Größe und Rasse spielen dabei eine Rolle. Wir haben in den Tabellen unten das Idealgewicht einiger repräsentativer Hunderassen sowie den durchschnittlichen Bedarf von Hunden aus Zwergrassen, kleinen und großen Rassen zusammengestellt. Für Mischlingshunde suchen Sie als Anhaltspunkt jeweils die Rasse, die Ihrem Hund am nächsten kommt. Die Gewichtsangaben dieser Tabelle sind Durchschnittswerte. Maßgeblich ist die individuelle Knochenstärke, die mehr oder weniger stark trainierte Muskulatur sowie bei vielen Rassen das Geschlecht des Hundes.

6 Rüden wiegen in der Regel einiges mehr als Hündinnen derselben Rasse.

🐕 Idealgewicht eines Hundes laut Rassestandard	
Chihuahua	ca. 1 bis 3 kg
Yorkshire Terrier	ca. 3,5 kg
Pekinese (Peking Palasthund)	ca. 4 kg
Zwergdackel	ca. 5 kg
Zwergpudel und Zwergschnauzer	ca. 5 kg
Foxterrier	ca. 8 kg
Cockerspaniel	ca. 14 kg
Staffordshire Bullterrier	ca. 17 kg
Siberian Husky	ca. 27 kg
Collie	ca. 23 bis 27 kg
Golden Retriever	ca. 25 bis 27 kg
Chow-chow	ca. 30 kg
Deutscher Schäferhund	ca. 28 bis 35 kg
Boxer	ca. 30 bis 35 kg
Hovawart	ca. 35 bis 45 kg
Berner Sennenhund	ca. 45 kg
Rottweiler	ca. 40 bis 53 kg
Neufundländer	ca. 70 kg
Bernhardiner	ca. 65 bis 80 kg

7

Carola Kuschs acht Jahre alte Schäferhündin, die sehr groß ist, ist nach wie vor gertenschlank und wohlproportioniert, obgleich sie mit ihren 32 Kilogramm weit über dem Durchschnitt der Hündinnen dieser Rasse liegt. Normalerweise bringen die weiblichen Vertreter etwa 28 Kilogramm auf die Waage.

Schwankungen im Kalorienbedarf

Auch der Kalorienbedarf des einzelnen Hundes schwankt je nach seinen Lebensumständen. Ein Familienhund mit normaler täglicher Bewegung benötigt im Schnitt weniger Kalorien als ein Hütehund derselben Rasse, der den ganzen Tag seine Schafherde umkreist.

So viele Kalorien brauch Ihr Hund pro Tag		
Gewicht des Hundes (Kilogramm)	Bedarf an Kilokalorien	Hunderasse
2	230	Chihuahua, Yorkie
5	450	Zwergpudel
10	750	Westhighland Terrier
15	1.010	Cockerspaniel, Beagle
20	1.250	Border Collie
25	1.470	Golden Retriever
30	1.675	Boxer
35	1.875	Dt. Schäferhund
40	2.070	Hovawart

Das Verhältnis zwischen Energiebedarf und Gewicht

Wenn Sie sich die Menge an Kalorien einmal etwas genauer ansehen, können Sie ein interessantes Phänomen feststellen: Ein winziger Vierbeiner, der gerade einmal ungefähr zwei Kilogramm wiegt, benötigt immerhin 230 Kalorien am Tag. Würde der Energiebedarf proportional zum Gewicht eines Hundes steigen, dann müsste ein 20 Kilogramm schwerer Hund auch das Zehnfache an Energie benötigen, nämlich mindestens 2.300 Kalorien! Aus der Tabelle können Sie ablesen, dass dem nicht so ist. Dies hat etwas mit dem Verhältnis des Gewichts zur Körperoberfläche eines Hundes zu tun. Ein Hund von etwa zwei Kilogramm Gewicht hat eine um 300 Prozent größere Oberfläche pro Kilogramm Körpergewicht als ein Riese von etwa 50 Kilogramm. Auf einen einfachen Nenner gebracht bedeutet dies, dass ein kleiner Hund fast genauso viel Haut benötigt, um seinen Körper zu »verstauen« wie ein großer. Der Wärmestoffwechsel ist bezogen auf das Körpergewicht umso größer, je kleiner der Hund ist.

Vermeiden Sie Überfütterung

Die Abhängigkeit der Futtermenge von Wärmestoffwechsel, Hautoberfläche und Größe des Hundes wird von vielen Hundebesitzern gern übersehen. Sie glauben, dass ein großer Hund riesige Futtermengen braucht. Hierdurch kommt es beim Vierbeiner sehr leicht zu Überfütterung und zu Gewichtsproblemen.

6 Welpen besitzen einen höheren Wärmestoffwechsel und kühlen daher viel schneller aus als erwachsene Hunde.

Eine kalorienbewusste Nahrung sorgt dafür, dass Ihr Hund von Anfang an sein Idealgewicht hält.

Jeder Hund hat einen individuellen Futterbedarf

8

Nach unseren Erfahrungen liegen die Mengenempfehlungen der Futtermittelhersteller meist viel zu hoch!

Auch ein weiteres Phänomen verunsichert viele Hundehalter oft über die Futtermenge, die sie ihrem Hund geben sollen. Auf den Verpackungen von Hundefutter (gleichgültig, ob in Säcken oder Dosen) sind zwar genaue Mengenangaben notiert, doch wir empfehlen Ihnen dringend, sie nur als Anhaltspunkt zu betrachten. Der eine Hund wird bei dem für sein Gewicht angegebenen Futterquantum dick und aufgedunsen, der andere bleibt ständig hungrig, obwohl er laut Angaben eine genügend große Portion erhielt.

> **Achtung** Bei den Hunden gibt es wie bei den Menschen verschiedene Typen, und jeder verwertet den Inhalt seiner Nahrung anders. Es gibt gute und schlechte Futterverwerter. Was bei dem einen schon beim bloßen Anschauen zu Übergewicht führt, putzt der andere weg, ohne auch nur ein Gramm Fett auf den Rippen zu haben.

Kontrollieren Sie regelmäßig das Gewicht Ihres Hundes

Eine ganz einfache Möglichkeit, wie Sie das Gewicht Ihres Vierbeiners kontrollieren können, hat nichts mit Kalorien zählen, den Hund wiegen oder Futter abmessen zu tun, sondern benötigt ganz einfach ein wenig Fingerspitzengefühl.

Stellen Sie sich direkt hinter Ihren Hund und streichen Sie mit beiden Händen an seinem Körper entlang – von vorn nach hinten über seine Rippen. Jede Rippe sollte gut und einzeln zu spüren sein. Dort, wo die Rippenbögen zu Ende sind, sollte sich sanft aber deutlich eine etwas schmalere Taille abzeichnen.

Spüren Sie jedoch nichts als eine weiche Speckschicht unter dem Fell, und ist Ihr Hund von vorn bis hinten gleich breit ohne Anzeichen einer vorhandenen Taille, ist er zweifelsohne zu dick, auch wenn er dem Gewicht entspricht, das im Allgemeinen für seine Rasse angegeben wird. Leichter ist es natürlich, Untergewicht festzustellen. In diesem Fall stehen nämlich die Rippen unter dem Fell hervor, und die Taille meint man mit einer Hand umfassen zu können. Wenn Sie dies bei Ihrem Hund feststellen, sollten Sie ihm unbedingt mehr zu fressen geben, auch wenn die Menge den für seine Größe angegebenen Durchschnittswert übersteigt. Unterernährung kommt heutzutage allerdings nur noch selten vor – in den meisten Fällen hat man einen kranken oder verwahrlosten Hund vor sich.

Checkliste für die richtige Zubereitung

Gleichgültig, welcher Rasse Ihr Hund angehört, wie groß oder klein er ist, und für welche Futterart Sie sich entscheiden – einige grundlegende Dinge sollten Sie beim Füttern immer beachten:

▶ Geben Sie Ihrem Hund sein Futter immer temperiert, das heißt weder eiskalt noch heiß. Beides führt sonst schnell zu Erbrechen, eisiges Futter sogar zu Durchfall. Trockenfutter weicht man am besten in lauwarmem Wasser ein und lässt es etwa eine Stunde bei Zimmertemperatur quellen. In diesem Zustand ist diese Form des Futters für den Hund am bekömmlichsten. Halbfeuchte Nahrung sowie Futter aus der Dose sollte nie direkt aus dem Kühlschrank gegeben werden. Wenn die frei lebenden Wölfe im Winter vergrabene Fleischreserven ausbuddeln, sind diese zwar auch eiskalt, aber durch die gefrorene Form können sie nur ganz kleine Stücke abreißen und fressen, die während ihrer Passage in den Magen relativ schnell angewärmt sind.

▶ Ihr Hund sollte in Ruhe fressen können. Störungen durch andere Haustiere oder auch Kinder veranlassen ihn zu überhastetem Fressen. Auch wenn zwei Hunde im selben Haushalt leben, kann es durchaus passieren, dass einer davon seinen Napf schneller leer frisst, um dem zweiten noch einen Rest seiner Futterportion abzuknöpfen. Trennen Sie beide Hunde immer während der Fütterung. Gesunde Hunde sind von Natur aus »Schlinger«, sie sollten durch eine unruhige Umgebung nicht noch stärker dazu angehalten werden. Es kann ihnen schon mal ein Bissen im Hals stecken bleiben, der die Speiseröhre stark dehnt und den sie schmerzhaft hinunterwürgen müssen.

9
Eine Anleitung für eine Gewichtsreduktions-Diät finden Sie im Kapitel »Futterzusätze und Kuren« (S. 28ff.).

10
Besorgen Sie im Fachhandel einen rutschfesten Napf. Für sehr schwere Hunderassen empfiehlt sich außerdem ein Fressnapf in Brusthöhe, damit der Knochenapparat des Hundes geschont wird.

Ein Kauknochen ist für Ihren Hund Nachtisch und Zahnpflege zugleich.

11

Lassen Sie Ihren Hund nie nach dem Fressen toben oder mit anderen Hunden spielen – durch eine Magendrehung droht Lebensgefahr.

▶ Halten Sie möglichst bestimmte Fütterungszeiten ein. Hunde haben eine innere Uhr, und sie merken sich sehr schnell den Zeitpunkt, wann es etwas zu fressen gibt. Ihr Verdauungssystem kommt bereits in Gang, bevor Sie den Futternapf überhaupt zur Hand nehmen. Sie sehen es vielleicht daran, dass Ihr Hund schon »sabbert«, noch bevor Sie an die Zubereitung seines Futters gehen.

▶ Geben Sie Ihrem Hund nach dem Fressen einen kleinen Kauknochen. Durch das Nagen sowie durch die vermehrte Speichelbildung wird das Gebiss auf natürliche Weise von Futterresten gereinigt, was Zahnstein und Zahnfleischentzündungen vorbeugt. Zudem kräftigt das Nagen die Kaumuskulatur. Kauknochen sind also eine Art natürliche Zahnbürste für das Hundegebiss.

▶ Am besten füttern Sie immer nach dem Spazierengehen, denn die Bewegung kurbelt die Körperfunktionen an und macht zudem schön hungrig. Sorgen Sie dafür, dass Ihr Hund nach dem Fressen mindestens eine Stunde lang Ruhe hat. Verdauungsprobleme und die gefürchtete Magendrehung, bei der sich der Magen des Hundes um seine eigene Achse dreht und abgeschnürt wird, werden dann weitgehend vermieden (siehe Seite 29).

▶ Ein erwachsener Hund benötigt sein Quantum an Futter einmal täglich. Erfahrene Hundebesitzer aber wissen, dass es gesünder ist, wenn er zweimal täglich eine halbe Portion erhält. Vor allem im Sommer sind die kühlen Morgenstunden und der späte Abend die besten Fütterungszeiten. Tagsüber sollten Sie den Kreislauf Ihres Hundes nicht auch noch durch große Futterportionen belasten.

▶ Reinigen Sie regelmäßig die Näpfe Ihres Hundes. Futterreste, die darin zurückbleiben, werden vor allem in der warmen Jahreszeit schnell schlecht und können bei Ihrem Vierbeiner Verdauungsprobleme bis hin zu schweren Durchfallerkrankungen auslösen.

▶ Sorgen Sie dafür, dass Ihr Hund ständig frisches Wasser hat. Vor allem im Sommer sollten Sie öfter den Trinknapf kontrollieren und das Wasser erneuern. Wasser erhöht die Fließgeschwindigkeit des Blutes und beugt Kreislaufschwächen während der heißen Jahreszeit vor. Der Hund kann zudem sein Futter besser verdauen, wenn er jederzeit die Möglichkeit hat, seinen Durst zu stillen. Dass auch der Trinknapf sauber gehalten werden muss, versteht sich von selbst. Hunde, die jederzeit Trinkwasser zur Verfügung haben, stürzen sich bei einem Spaziergang viel seltener auf jede brackige Pfütze, in der es vor allem im Sommer von Bakterien nur so wimmelt. Wenn Sie Ihren

12
In der heißen Jahreszeit fressen auch Hunde weniger als im Winter. Wenn der Futternapf manchmal halb voll bleibt, muss das kein Grund zur Sorge sein.

> **Extratipp** Manche Hunde, die sich zumindest tagsüber im Garten aufhalten, benötigen dort auch im Winter frisches Wasser. An kalten Tagen sollten Sie den Wassernapf ebenfalls öfter kontrollieren, damit gewährleistet ist, dass das Wasser nicht einfriert und Ihr Hund trinken kann.

Hund draußen im Garten füttern, achten Sie auf einen geschützten Standort sowohl für den Futter- als auch für den Trinknapf. An ungeschützten Stellen bläst jeder Windstoß Staub und Blätter in die Wasserschüssel. Auch direkt unter einer Dachrinne sollten die Näpfe nicht aufgestellt werden. Vor allem im Sommer nutzen Vögel den Rand der Dachrinne gern als Sitzplatz und verunreinigen die Fressnäpfe Ihres Hundes nicht selten durch Kot und Federn.

13
Trotz Futterreduzierung sollten Sie keinesfalls auf den Löffel Sonnenblumenöl im Futter verzichten.

Was ist gesundes Hundefutter?

Vitamine und Mineralien sind unerlässlich für Hunde jeden Alters.

14

Reine Fleischfütterung führt bei Hunden zu lebensgefährlichen Mangelerscheinungen.

Obwohl es tief in unserer Sprache verwurzelt ist, wehren wir uns ein wenig gegen den Begriff »Futtermittel«. Sehr viel lieber würden wir stattdessen »Lebensmittel« sagen, denn Hundefutter soll Leben spenden, unsere Hunde fit und aktiv machen, und zwar ihr Leben lang. Dass dies mit einseitiger Ernährung nicht möglich ist, sollte eigentlich jedem Tierfreund einleuchten. Dennoch sind viele Menschen immer noch der Meinung, ein Hund sei ein reiner Fleischfresser und benötige aus diesem Grund auch nur Fleisch. Sie halten spezielles Hundefutter aus dem Fachhandel für Geldmacherei und selbst gekochtes Futter gar für unnötigen, neumodischen Humbug. Sie begründen ihre Meinung damit, dass die Vorfahren aller Hunde, die Wölfe, auch nur Fleisch als Nahrung gehabt hätten und gesund gewesen seien. Bevor wir die einzelnen Bestandteile einer wirklich gesunden und naturnahen Hundeernährung betrachten, wollen wir zuerst einmal mit diesem lang gehegten Vorurteil aufräumen!

Hunde sind Tierfresser!

Schauen Sie sich einmal ganz genau an, was wild lebende Caniden (also Hundeartige) fressen: Sie ernähren sich hauptsächlich von großen Beutetieren, nämlich Pflanzenfressern wie Rehen, wilden Ziegen, Rentieren etc. Sie vertilgen aber nicht nur das Muskelfleisch und die Knochen, sondern auch die Innereien, das Fell, teilweise die Hufe und vor allem den Magen und den Darm samt Inhalt. Dieser besteht aus vorverdauten Gräsern, Wurzeln, Beeren, Getreidesamen etc. Da alle Hundeartigen, auch der Haushund, rohes Gemüse nicht optimal verwerten können, wohl aber die vorverdauten Pflanzen aus den Innereien ihres Beutetieres, sind diese fast von größerer Wichtigkeit als das reine Muskelfleisch. Aus diesem Grund werden die Innereien stets als Erstes verspeist. Nichts bleibt davon übrig, während das Fleisch gern auch mal für »Notzeiten« in der Umgebung vergraben wird.

Das Kalzium-Phosphor-Verhältnis im Futter muss stimmen

Warum kann aber ein Hund von reinem Muskelfleisch nicht leben? Und was passiert, wenn er dies doch tun würde? Fleisch enthält einen sehr hohen Anteil an Phosphor. Um diesen hohen Anteil auszugleichen, ist wiederum ein mindestens ebenso hoher Anteil an Kalzium notwendig. Bekommt ein Hund nicht das nötige Kalzium, greift sein Körper notgedrungen die eigenen Reserven an und holt es sich aus dem gesamten Skelett. Die Folgen sind trotz ausreichender Ernährung – was die Menge betrifft – starke Mangelerscheinungen.

> **Wichtig** In der Hundeernährung ist ein Verhältnis Kalzium zu Phosphor von 1, 2 zu 1,0 ideal. Fleisch allein besitzt aber ein Kalzium-Phosphor-Verhältnis von 7 zu 200! Durch dieses extreme Unverhältnis entsteht ein für Ihren Vierbeiner schädlicher Kalziummangel.

Auch Hunde brauchen Gemüse und Getreide

Auch ein Hund sollte sowohl mit Fleisch als auch mit Gemüse und Zerealien (aufgeschlossenes Getreide) im Verhältnis von etwa 2/3 zu 1/3 gefüttert werden. Was sich dagegen grundlegend geändert hat, ist die Form der Futtergabe: Trotz aller Hundeliebe wäre wohl kein Hundehalter begeistert, wenn er seinem Vierbeiner täglich ein komplettes Huftier füttern müsste!

Dank der großen Auswahl an Fertigfutter bleibt uns das erspart. Zudem leben unsere Hunde heute selten in einem Rudel aus Artgenossen, die sich ein derart großes Beutetier so aufteilen können, dass jedes Mitglied der Gruppe den richtigen Anteil und somit die richtige Menge an Nährstoffen bekäme.

15
Hunde haben einen kürzeren Darm als Menschen – einer der Gründe, warum sie rohes Gemüse nicht im Ganzen verdauen können.

16
Faustregel bei der Hundefütterung: 1/3 Fleisch, 1/3 Getreide, 1/3 Gemüse (vorgekocht, bzw. aufgeschlossen).

Wölfe und wild lebende Caniden fressen ihre Beutetiere und versorgen sich so ausreichend mit den für Sie wichtigen Nährstoffen.

Hochwertiges Fertigfutter versorgt den Hund mit den wichtigsten Inhaltsstoffen. Trotzdem lohnt es sich, in diese Thematik ein wenig tiefer einzusteigen, denn weiß man erst einmal, welche Inhaltsstoffe für welche Stoffwechselvorgänge zuständig sind und welche Lebensmittel was an Inhaltsstoffen liefern, ist man in der Lage, Mangelerscheinungen beim Hund schneller zu erkennen und zu behandeln.

Erhalten Hunde zu wenig Proteine, kann es zu Wachstumsstörungen kommen.

Welche Nährstoffe sind wo enthalten?

Im Folgenden werden sämtliche Nährstoffe beschrieben, die für Ihren Hund wichtig sind. Gleichzeitig sagen wir Ihnen, in welchen Lebensmitteln sie enthalten sind und was sie bewirken.

Protein

Protein ist nichts anderes als Eiweiß tierischer oder pflanzlicher Herkunft. Es enthält die wichtigen so genannten Aminosäuren, von denen es zwanzig verschiedene gibt. Zehn davon kann der Hund nicht selbst in seinem Körper produzieren. Da sie für ihn jedoch lebenswichtig sind, weshalb sie auch »essenziell« genannt werden, müssen sie ihm unbedingt über die Nahrung zugeführt werden.

Der tägliche Nährwertbedarf des gesunden Hundes (je Kilogramm Körpergewicht)

Protein	4,8 g	
Fett	1,1 g	davon speziell:
Linolsäure	0,22 g	

Mineralien

Kalzium	242 mg	
Phosphor	198 mg	
Kalium	132 mg	
Magnesium	8,8 mg	
Eisen	1,32 mg	
Kupfer	0,16 mg	
Mangan	0,11 mg	
Zink	1,1 mg	
Jod	0,034 mg	
Selen	2,42 µg	(Mikrogramm)
Sal	242 mg	

Vitamine

A	110 IE	(Internationale Einheiten)
D	11 IE	
E	1,11 IE	
B_1	22 µg	
B_2	48 µg	
Pantothensäure	220 µg	
Nikotinsäure	250 µg	
B_6	22 µg	
Folsäure	4 µg	
Biotin	2,2 µg	
B_{12}	0,5 µg	
Cholin	26 µg	

17

Besonders hochwertig ist Fertigfutter, in dem das Eiweiß aus verschiedenen Quellen stammt (z. B. verschiedene Fleischsorten, dazu Reis).

Futterquellen

Tierische Eiweißträger sind Fleisch, Milchprodukte wie Quark, Hüttenkäse oder weißer Joghurt. Pflanzliche Eiweißträger sind Zerealien, d. h. Getreidesorten in aufgeschlossener (vorverarbeiteter) Form, wobei pflanzliches Eiweiß vom Hund nicht so gut verdaut wird wie tierische Proteine (nur etwa 60 Prozent gegenüber 90 Prozent).

Wirkung

Eiweiß ist wichtig für den Aufbau von Gewebe und Körperflüssigkeiten. Es verleiht dem Hund ein schönes Fell, gesunde Haut, die wiederum kaum anfällig für Parasiten ist, und beugt Durchfällen vor.

> **Achtung** Ein Zuviel an Eiweiß ist auch für Hunde nicht gut: Es schadet seinem Stoffwechsel! Nicht selten sind erste Anzeichen auf das Überangebot von Eiweiß so genannte Durchfälle ungeklärter Herkunft.

Fettsäuren

Fett ist für Hunde lebenswichtig. Es setzt sich aus den verschiedenen Fettsäuren zusammen, wobei hier abermals unterschieden wird zwischen ungesättigten und gesättigten Fettsäuren. Worauf Sie unbedingt achten sollten, ist ein hoher Anteil an ungesättigten Fettsäuren. Gesättigte Fettsäuren haben nämlich keine bedeutende gesundheitsfördernde Wirkung auf den Körper. Von den ungesättigten Fettsäuren ist die Linolsäure für den Vierbeiner am wichtigsten.

Ihr Hund benötigt auch Kohlenhydrate, um das Fett verdauen zu können. Kohlenhydrate sind in aufgeschlossenem Getreide enthalten und liefern dem Hund zusätzliche Energie.

Futterquellen

Fette befinden sich in Fleisch, (Trocken-) Fisch und pflanzlichen Ölen bzw. Speiseölen wie Sonnenblumen-, Distel-, Oliven- oder Maiskeimöl, Butter und Margarine.

Wirkung

Die gesättigten Fettsäuren dienen der Energiegewinnung, wohingegen die ungesättigten Fettsäuren dafür sorgen, dass Ihr Hund ein gesundes Fell und gesunde, schuppenfreie Haut behält.

Fettleibigkeit verhindern

Bedenken Sie bitte, dass bei einem zu großen Anteil an Fett in der Nahrung bei Ihrem Vierbeiner Fettleibigkeit entstehen kann. Die regelmäßig zugeführte Menge muss also unbedingt dem Bewegungspensum und dem Energieaufwand des Hundes angepasst sein.

Mineralien und ihre Wirkung

▶ Kalzium ist besonders wichtig für das gesunde Skelett des wachsenden Hundes und erhält auch später die Knochenstabilität. Kalzium ist besonders in Fleisch und sehr hochwertig in Milchprodukten wie Quark, Joghurt oder Hüttenkäse enthalten.

18

Wenn Hunde vom Welpenalter an daran gewöhnt sind, täglich eine Schale Milch zu erhalten, vertragen sie dieses Quantum in der Regel gut – und das bis ins hohe Alter.

Ein schönes, glänzendes Fell erhält Ihr Hund unter anderem durch die ausreichende Versorgung mit Eiweiß.

21

▶ Phosphor ist wichtig für die Knochen- und Zahnbildung und spielt überdies eine Rolle im Stoffwechsel. Es ist in Fleisch, Knochen und Käse enthalten.

▶ Kalium ist an der Übermittlung von Nervenimpulsen beteiligt und wichtig für den Wasserausgleich. Vor allem Fleisch und Milchprodukte sind wichtige Lieferanten für dieses Mineral.

▶ Magnesium wird für den Aufbau von Knochen und Zähnen benötigt. Es kommt in Getreide, Gemüse und Knochen vor.

▶ Eisen ist ein sehr wichtiges Mineral, das den Energiestoffwechsel im Körper mitbestimmt, für die Atmung nötig ist sowie ein Bestandteil des Hämoglobins (Blutfarbstoff) ist. Es ist in Eiern, Fleisch, Getreide und Gemüse enthalten.

▶ Kupfer ist ebenfalls ein wichtiger Bestandteil des Hämoglobins und für den Eisenaufbau im Körper unentbehrlich. Es kommt vor allem in Fleisch und Knochen vor.

▶ Mangan und Zink sind wichtig für den Fettstoffwechsel bzw. die Verdauung. Es gibt hierfür keine ausgesprochen typischen Nahrungsmittel als Lieferanten, sie kommen aber auf jeden Fall in Fleisch und Getreide vor.

▶ Jod wird zwar nur in kleinen Mengen benötigt, ist aber sehr wichtig für das Funktionieren der Schilddrüse. Es kommt in Gemüse und Fisch, aber auch in Milchprodukten und (Speise-/Jod-) Salz vor.

▶ Selen unterstützt die Funktion von Vitamin E im Körper. Es ist in Fleisch, Fisch und Getreidesorten enthalten.

▶ Salz ist eine wichtige Komponente für den Wasserausgleich im Körper des Hundes. Es kann in Form von Speisesalz aufgenommen werden, ist aber auch in Getreide enthalten.

Vitamine und ihre Wirkung

▶ Vitamin A beugt vielen unangenehmen Hauterkrankungen, Wachstumsstörungen, Augen- und Darmerkrankungen vor und steigert die Abwehrkräfte. Es ist ein fettlösliches Vitamin und in besonderem Maße in Möhren, Hagebutten, Löwenzahn etc. sowie in Leber, Fisch und Milchprodukten enthalten.

19

Im Fachhandel werden auch Futterzusätze auf Kräuterbasis (in Tablettenform, als Pulver oder als Leckerli) angeboten, die wichtige Mineralien und Vitamine liefern.

🐕 **Achtung** Vitamin A darf nicht im Übermaß gegeben werden, da sich seine Wirkung sonst ins Gegenteil verkehrt! Haarausfall, Erbrechen und sehr schmerzhafte Schwellungen der Knochenhaut sind die Folge.

▶ Vitamin B lässt sich in verschiedene »Untervitamine« unterteilen (man spricht vom so genannten Vitamin-B-Komplex). Sie tragen Namen wie Riboflavin, Pantothensäure, Folsäure oder Kobalamin. Allesamt sind sie wasserlöslich und können praktisch nicht überdosiert werden. Sie wirken positiv auf das Nervensystem und seine Funktion, verhindern Wachstumsstörungen und lästige Hautprobleme, sind wichtig für eine gesunde Muskulatur und stärken die Abwehrkräfte. Die Vitamine der B-Gruppe sind hauptsächlich enthalten in Fleisch, Leber, Eiern, Milchprodukten und Hefe.

▶ Vitamin C wird von einem gesunden Hund in der Leber selbst produziert. Eine Zufütterung ist im Normalfall nicht nötig.

▶ Vitamin D ist ein fettlösliches Vitamin und wird vom Hund vor allem im Sommer bei genügend Sonne selbst produziert. Im Winter sollten Sie darauf achten, dass es ausreichend in der Nahrung enthalten ist. Es beugt Knochenproblemen vor und ist wichtig für die Kalziumaufnahme. Vitamin D ist in hohem Maße in Eidotter, Milchprodukten und Leber enthalten.

▶ Vitamin E begünstigt die störungsfreie Entwicklung von jungen Hunden und beugt Hautproblemen und Bindegewebsschwäche vor. Dieses Vitamin wird oft auch als »Schönheitsvitamin« angepriesen und ebenso in der menschlichen Ernährung für die Erhaltung eines jugendlichen Äußeren empfohlen. Es ist fettlöslich und in Speisefetten wie Butter, Margarine und Pflanzenölen enthalten.

20
Leidet der Hund unter Stress (Läufigkeit, Umzug, Besitzerwechsel, Krankheit), empfiehlt sich eine Zufütterung von Vitamin C in Form von Hagebuttenmus.

21
Die wichtigsten Vitamine aus der Möhre sind fettlöslich, das heißt, der Körper benötigt etwas Fett, um die Inhaltsstoffe optimal auszunutzen.

🐕 **Achtung** Spezielle Vitamin-D-Präparate sollten Sie Ihrem Vierbeiner nur auf tierärztliche Anweisung fütter, da bei einer Überdosierung schwere Gesundheitsschäden auftreten können!

▶ Vitamin H oder Biotin ist wasserlöslich und verhilft Hunden zu einem glänzenden Fell und zu einer gesunden Haut, wodurch wiederum der Befall durch Parasiten stark vermindert wird. Es ist hauptsächlich in Eidotter, Leber und Hefe enthalten.

▶ Cholin benötigt der Hund für seinen Stoffwechsel. Es ist in Leber, Eigelb und Getreide enthalten.

Wichtige Inhaltsstoffe des Futters: Rohfasern

Rohfasern sollten etwa fünf Prozent (Trockengewicht) des Futters ausmachen. Sie verbessern die Passage des Futters durch den Darm, vermindern Durchfälle und Blähungen, verbessern die Verdauung und sorgen für den Abtransport von Schadstoffen aus dem Körper des Hundes. Sie sind in Getreide und Gemüse enthalten.

Selbstkochen als natürliche Alternative

Einige gewissenhafte Hundebesitzer sind zwischenzeitlich dazu übergegangen, das Futter ihres Hundes selbst zu kochen, um die Inhaltsstoffe zu kontrollieren. Selbst gekochtes Hundefutter ist genau genommen eine gleichwertige und wohl die natürlichste Alternative zum Fang des »Beutetieres«.

22

Hefeflocken sind preiswert und einfach zu füttern und liefern zudem viel Biotin.

Einseitige Ernährung ist schädlich!

Die Gefahr, hierbei den Teufel mit dem Beelzebub auszutreiben, ist allerdings groß. Wer Hundenahrung selbst kochen möchte, sollte unbedingt vorher genaue Informationen über die Menge der Inhaltsstoffe der einzelnen Zutaten einholen. Diese sollten immer so zusammengestellt werden, dass der tägliche Bedarf des Hundes gedeckt ist. Jedes Zuviel oder Zuwenig an lebenswichtigen Mineralstoffen oder Vitaminen etc. bringt auf Dauer schwere gesundheitliche Schäden. Die Gefahr, seinen Vierbeiner einseitig zu ernähren, ist bei selbst bekochten Hunden besonders groß. Bevor Sie sich also an die Hundefutterproduktion machen, besorgen Sie sich geeignete Tabellen, in denen die Nahrungsmittel entsprechend ihrem Nährwert, ihren Vitaminen und ihrem Inhalt an Mineralstoffen aufgelistet sind. Daraus sollten Sie dann jedes Rezept richtig berechnen.

Haben Sie keine Zeit zum Kochen?

Heutzutage haben die meisten Menschen nur wenig Zeit, sind ständig im Stress oder ersticken oft in Arbeit. In diesem Fall ist Fertigfutter für die meisten Hundebesitzer die einfachste Art, ihren Hund zu ernähren. Zusammen mit den gesunden Futterzusätzen, die wir Ihnen samt vieler wertvoller Tipps im nächsten Kapitel nennen, wird daraus eine gesunde, vollwertige Hundenahrung! In einer gut sortierten und eingespielten »Hundeküche« liegen die Zutaten jederzeit parat, und selbst kochende Hundebesitzer eignen sich mit der Zeit auch eine gewisse Routine an. Werden sie gefragt, wie viel Mühe das selbst hergestellte Futter macht, sind die meisten einhellig der Meinung, dass der Zeitaufwand nur in den ersten Wochen sehr hoch sei, dann aber werde das Kochen zur Selbstverständlichkeit.

23 Hunde können rohes Gemüse im Ganzen wegen ihres Gebisses nicht optimal verwerten. Kein einziger Zahn im Hundegebiss ist zum Zermahlen von Nahrung bestimmt, sondern nur zum groben Verkleinern von Beutetieren.

Wenn Sie das Hundefutter selbst kochen, haben Sie einen größtmöglichen Einfluss auf die ausgewogene Ernährung Ihres Vierbeiners.

Checkliste für den Kauf des richtigen Hundefutters

Da Fertigfutter die Basis für Ihre naturgemäße Hundeernährung bildet, sollten Sie einige Dinge beim Kauf unbedingt beachten.

▶ Kaufen Sie qualitativ hochwertiges Markenfutter, auch wenn es auf den ersten Blick teurer scheint als das Billigfutter aus dem Supermarkt. Die Anbieter eines solchen Produktes beziehen das Futter nicht immer beim selben Hersteller, sondern suchen ständig die billigsten Alternativen. Es ist also nicht unbedingt optimal in seiner Zusammensetzung und versorgt Ihren Hund nicht hundertprozentig mit den Inhaltsstoffen, die er benötigt. Außerdem kann es passieren, dass Ihr Hund einige Wochen lang das angebotene Futter sehr gut verträgt, jedoch nach dem Öffnen eines neuen Futtersackes derselben Billigmarke plötzlich unter Durchfall leidet. Schlagartig wurde er auf ein neues Produkt umgestellt, obwohl Sie der Meinung waren, er bekäme sein gewohntes Futter.

▶ Innerhalb der Angebotspalette eines Markenfutterherstellers gibt es verschiedene Sorten – vom Futter für den Familienhund mit mittlerem bis niedrigem Energiebedarf bis zu speziellen Sorten für alle arbeitenden und Sport treibenden Hunde. Es gibt Welpenfutter, Futter für Junghunde im Wachstum und ein spezielles Futter für Hundesenioren, deren Energiebedarf geringer wird. Lassen Sie sich bei der Auswahl des richtigen Futters in einem Hundefachgeschäft gezielt beraten.

▶ Lesen Sie die Inhaltsangaben auf dem Futtersack genau durch. Achten Sie darauf, dass keine Konservierungsstoffe, Farbstoffe oder Geschmacksverstärker darin enthalten sind. Hunde, die bisher Futter mit diesem künstlichen Zusatz erhalten haben, brauchen manchmal einige Zeit, um sich wieder an naturbelassenes Futter zu gewöhnen. Achten Sie auch auf das Verfallsdatum. Hundefuttersorten ohne Konservierungsstoffe haben gezwungenermaßen eine kürzere Haltbarkeit als solche mit chemischen Zusätzen. Deshalb sollten Sie auch möglichst nur so viel Futter auf Vorrat kaufen, wie Ihr Hund vor dem angegebenen Verfallsdatum benötigt.

24
Investieren Sie in hochwertiges Hundefutter, dann bleiben Ihnen hohe Tierarztkosten erspart!

25
Es gibt sogar spezielle Futtersorten für besonders große und kleine Hunderassen – der Fachhandel informiert Sie gern darüber.

▶ Kaufen Sie nur in Geschäften, in denen reger Betrieb herrscht und Sie sicher gehen können, dass die Futtersäcke nicht schon ein Jahr lang im Regal stehen. Achten Sie darauf, dass der Futtersack unversehrt ist, bzw. die Dose keine Delle hat.

▶ Kaufen Sie möglichst Produkte, die in Deutschland hergestellt werden. Ausländische, meist konservierte Futtermarken haben oft schon einen langen Weg hinter sich, auf welchem sie allen möglichen Einflüssen wie z. B. Hitze oder unsachgemäßer Lagerung ausgesetzt waren. In Deutschland hergestelltes Futter wird dagegen aufgrund unseres Nahrungsmittelgesetzes sehr starken Kontrollen unterzogen.

Ist Fertigfutter noch »natürlich«?

Trotz aller Versprechungen und Werbung seitens der Futtermittelhersteller bleiben bei kritischen Hundehaltern noch Fragen offen. Wenn die natürlichste und gesündeste Ernährung für alle Caniden ein Beutetier ist, komplettiert durch gelegentliches Obst oder Gräser aus freier Natur, bekommt der Hund dann über ein Fertigfutter auch genügend natürliche Nahrung? Kann im Fertigfutter, das überhaupt nicht mehr aussieht wie die ursprüngliche Hauptnahrung eines Hundeartigen, denn noch irgendein Inhaltsstoff natürlich sein?

Tatsache ist: Obwohl die Zutaten von qualitativ hochwertiger Hundenahrung so schonend wie möglich behandelt werden, geht beim Produktionsprozess ein Teil der natürlichen Wirkstoffe verloren. Lediglich tiefgefrorene Hundemenüs durchlaufen wesentlich weniger Produktionsprozesse als Trockenfutter und stellen folglich eine gesunde, wenn auch teure Alternative dar. Die Hersteller setzen den Futtermitteln deshalb Vitamine, Mineralstoffe und Spurenelemente zu. Die Frage, ob künstlich hergestellte Vitamine so wirksam sind wie natürliche, ist von der Wissenschaft noch nicht geklärt, doch unbestritten ist: Die Zusammensetzung der Vitalstoffe in frischem Obst und Gemüse, in naturbelassenen Milchprodukten oder Eiern hat sich noch in keinem Lebensmittellabor nachbauen lassen. Unsere Devise lautet daher: »Verwenden Sie ein hochwertiges Fertigfutter als Basis, aufgewertet mit frischen Futterzusätzen.«

26
Auf die Verpackungsangaben können Sie sich bei allen guten Markenprodukten verlassen.

27
Hunde, die gut gefüttert werden, sehen immer deutlich attraktiver aus als Tiere, deren Fütterung einseitig ist.

27

Tun Sie alles für Bellos optimale Ernährung!

28

Im Sommer ist selbst gegen eine Kugel Einfach-Vanilleeis nichts einzuwenden – besser kann Kalzium auch einem Hund nicht schmecken …

Futterzusätze und Kuren

Wenn man so lange mit Hunden zu tun hat wie wir, dann hört man immer wieder einmal von einem Futterzusatz, der wahre Wunder vollbringen soll. Oft ist dabei die Rede von Dingen, die spontan niemand mit Hundefutter in Verbindung bringen würde. Die Zusätze jedoch, die ich Ihnen in diesem Buch näher bringen werde, bekommen unsere Hunde schon seit Jahren.

Carola Kuschs achteinhalb Jahre alte Schäferhündin ist wohl der lebende Beweis dafür, wie gut Hunden eine richtige Fütterung tut. In einem Alter, in dem andere Hunde aus dem Hundesport genommen werden, ist sie noch mit größter Begeisterung dabei und fit an Leib und Seele – ähnlich Petra Durst-Bennings fünfjähriger Labradormix. Er ist ein muskelbepackter, lackschwarzer Kerl, dessen Fell so glänzend und gesund ist, dass es sogar anderen Hundebesitzern auffällt.

Gesunde Zusätze, die täglich ins Futter gehören

Oft werden wir von anderen Hundebesitzern gefragt, womit wir unsere Hunde ernähren, da sie stets vital sind und so gesund wirken. Im Folgenden erhalten Sie eine Antwort darauf.

Milchprodukte

Während sehr viele Hunde von normaler Kuhmilch Durchfall bekommen, vertragen sie Milchprodukte wie Naturjoghurt, Quark, Hüttenkäse oder auch ein Stück harten Käse sehr gut. Der in der Milch enthaltene Milchzucker ist in den Milchprodukten zu Milchsäure geworden und für Hunde dadurch gut zu verdauen.

Quark und Joghurt als Kalziumlieferanten

Was aber macht den täglichen Löffel Joghurt und Co. so wertvoll für den Hund? Milchprodukte sind preiswerte Lieferanten für natürliches Kalzium. Vor allem Hunde, die selbst gekochtes Futter mit Frischfleisch erhalten, sind auf Kalziumzufuhr angewiesen. Weitere wertvolle Inhaltsstoffe sind Kalium, Jod sowie die Vitamine A und D. Milchprodukte wirken darüber hinaus vorbeugend gegen Blähungen sowie gegen die gefürchtete Magendrehung. Betroffen sind davon alle mittelgroßen und großen Hunderassen, vor allem wenn sie einen relativ großen Brustraum besitzen wie z. B. der Dobermann oder der Boxerhund. Der Magen eines Hundes ist an zwei starken Sehnen wie an zwei Seilen aufgehängt. Nach der Futteraufnahme ist das Organ recht schwer und gut gefüllt. Durch die bei der Verdauung entstehenden Gase bläht er sich oft noch weiter auf. Dreht sich der Magen nun durch eine ungeschickte Bewegung oder eine Bindegewebsschwäche des Hundes um seine eigene Achse, so werden sowohl der Zugang als auch der Ausgang abgeschnürt und sogar die Blutzufuhr unterbrochen.

29

Wenn Sie einen Becher Joghurt oder Quark verzehren, lassen Sie Bello den letzten Rest ausschlecken – so bekommt er auf einfachste Art seine tägliche Portion Milch.

Wichtig Sollten Sie befürchten, dass bei Ihrem Hund eine Magendrehung um die eigene Achse stattgefunden hat, müssen Sie ihn schnellstens zum Tierarzt bringen und operieren lassen.

Milchprodukte senken die Gefahr einer solchen Magendrehung erheblich, da die Milchsäure den vollen Magen veranlasst, sich schneller zusammenzuziehen und die enthaltenen Gase als »Gorpse« oder durch den Darm abzuführen.

Apfelessig

Ein Teelöffel Apfelessig ins tägliche Futter verhindert gefährliche Harnstoffablagerungen in den Gelenken (sowohl bei Menschen als auch bei Tieren), die in fortgeschrittenem Alter zu Gicht und Rheuma

Eine Überdosierung Kalzium in natürlicher Form ist so gut wie ausgeschlossen.

führen können. Weiterhin ist er dafür bekannt, dass er Bakterien bekämpft, indem er durch seine saure Beschaffenheit die Lebensgrundlage der Erreger zerstört, noch bevor sie sich vermehren und eine Infektion mit Durchfall und Erbrechen hervorrufen können. Durch Apfelessig gehen sogar Salmonellen zugrunde. Weiterhin liefert er jede Menge Vitamine und Mineralstoffe und ist ein hervorragendes Mittel zur natürlichen Stärkung der Abwehrkräfte.

Hilfe für läufige Hündinnen

Eine weitere gute Eigenschaft von Apfelessig werden Besitzer von Hündinnen sehr begrüßen: Durch Beimengen des täglichen Löffels Essig zum Futter riechen läufige Hündinnen weit weniger intensiv. Ihre »Duftwolke«, die sie so anziehend für liebeskranke Rüden macht, beschränkt sich auf ein kleineres Feld. Ein weiterer Vorteil: Auch in der Wohnung macht sich der Geruch einer läufigen Hündin sehr viel weniger bemerkbar.

Möhren

Auch Möhren sind ein geeigneter Zusatz zum täglichen Futter. Um die gesundheitsfördernden Inhaltsstoffe der gelben Wurzel voll auszunutzen, sollten Sie Ihrem Hund nicht das komplette rohe Gemüse zu fressen geben, da er nicht kaut, sondern schlingt.

Die wilden Vorfahren unseres Haushundes konnten Gemüse auch nicht roh verwerten. Sie bezogen es aus einem »Zwischenwirt«, nämlich einem Huftier, manchmal auch einem Nagetier, das ihnen Gemüse in vorverdauter Form lieferte, nämlich als Inhalt in Magen und Darm. Auf diese Weise aufgeschlossen, kann Gemüse selbstverständlich auch heute noch von allen wild lebenden Caniden verwertet werden. Ihrem Hund müssen Sie also die Möhre in einer Form präsentieren, die für ihn verwertbar ist. Sie können sie im Mixer pürieren oder in etwas Wasser dünsten und mit der Gabel zerquetschen. Es gilt als erwiesen, dass die Möhre eine der seltenen Gemüsesorten ist, die beim Dünsten ihre Vitamine nicht verliert.

30

Kaufen Sie nur hochwertigen Apfelessig aus dem Reformhaus, billiger Supermarktverschnitt hat keine heilende Wirkung mehr.

Neben Mineralien, Spurenelementen und viel Vitamin A enthält die Möhre ätherische Öle, Pektine und Karotin.

Möhren enthalten viel wertvolles Carotin (die Vorstufe zu Vitamin A) und Vitamine der B-Gruppe. Außerdem liefern sie dem Hund natürliche Mineralstoffe wie Magnesium, Eisen, Kalzium, Kalium, Phosphor, Arsen, Nickel, Kupfer, Jod und Mangan. Sehr gesund sind zudem ihre ätherischen Öle und Pektin. Möhren wirken wachstumsfördernd, Blut bildend, fördern den Aufbau von Haut und Schleimhäuten, wirken positiv auf die Funktion der Schilddrüse und steigern die Abwehrkräfte. Ihre ätherischen Öle wirken wurmwidrig. Ein »kosmetischer Nebeneffekt« der Möhre ist Ihrem Hund auf den ersten Blick anzusehen: Seine Fellfarben werden schöner und intensiver, die Pigmentierung seiner Haut und seiner Schleimhäute dunkler.

Pflanzenöle

Störungen im Fettstoffwechsel eines Hundes lassen sich von vornherein durch einen täglichen Teelöffel hochwertiges, kaltgepresstes Pflanzenöl vermeiden. Sehr gut vertragen Hunde Sonnenblumen- oder Distelöl. So sollte unbedingt zu jeder Gabe Möhren im Futter ein wenig Öl zugegeben werden, da das Vitamin A zu den fettlösli-

31

Selbst gepresster Möhrensaft oder selbst gekochter Möhrenbrei sind wesentlich günstiger und natürlicher als die fertigen Möhrenprodukte aus dem Fachhandel.

Der tägliche Löffel Möhrenmus beugt Parasitenbefall im Darm vor.

32

Eine Mischung aus einem Teelöffel Öl, Magerquark und Hefe, die Sie dem Hund täglich ins Futter geben, regt den Appetit an.

chen Stoffen gehört und ohne ein wenig Fett schlecht vom Körper aufgenommen wird. Hunde, die zu den so genannten schlechten Fressern gehören (nicht bedingt durch Krankheit!), bekommen durch ein gutes Öl im täglichen Futter wieder größeren Appetit. Durch regelmäßige Gaben von Sonnenblumenöl wird schuppiger Haut vorgebeugt, wie sie vor allem beim Fellwechsel entstehen kann. Das Fell ist glänzend und gesund. Die Zugabe von Speiseöl verhindert auch das Entstehen von stumpfen, brüchigen Krallen.

Gesunde Kombination – Möhren und Pflanzenöle

In 100 g Sonnenblumenkernen sind so lebenswichtige Dinge wie Vitamin A, B_1, B_2, B_6, Niacin und Vitamin E enthalten. Außerdem ca. 30 Gramm Fett, nämlich die lebenswichtige Linolsäure, die Stoffwechselstörungen vorbeugt, sowie etwa 15 Gramm Kieselsäure, der man einen günstigen Einfluss auf die Nagelbildung nachsagt. Das Öl darf nicht erhitzt werden, da sonst seine Wirkstoffe verloren gehen.

> **Wichtig** Achten Sie trotz aller positiven Eigenschaften von Pflanzenölen darauf, Ihrem Hund nicht zu große Mengen davon ins Futter zu geben – es besteht die Gefahr, dass er sonst bald zu dick wird.

33

Auch Haselnüsse, Walnüsse und Weizenkeime liefern essenzielle Fettsäuren und Vitamine.

Hefepilze

Hefe enthält unter anderem einen hohen Anteil des wichtigen Mineralstoffs Eisen, nämlich 17,3 Gramm pro 100 Gramm Hefe. Auch sind sehr viele Vitamine darin enthalten, ganz besonders viele der B-Gruppe, die für ein gesundes und belastbares Nervensystem sorgen. Ein Hund, der zu wenig Vitamin B_1 (auch genannt Thiamin oder Aneurin) erhält, leidet oft unter Angstzuständen, nervösen Störungen und Krämpfen. Zu wenig Vitamin B_2 (Riboflavin oder Lactoflavin) führt zu Störungen des gesamten Nervensystems, zu Wachstumsstörungen und zu Haut- und Schleimhautschäden durch gestörte Stoffwechselvorgänge.

Zu wenig Vitamin B_5 (Pantothensäure) ist verantwortlich für Störungen des Wachstums, für Entzündungen der Magen-Darm-Schleimhaut und ist möglicherweise für mangelhafte Leistungen bei Arbeitshunden verantwortlich. Vitamin B_6 (Pyridoxin), B_{11} (Folsäure) und B_{12} (Kobalamin) sind lebenswichtig für einen funktionierenden Stoffwechsel sowie für gesundes Wachstum und das Nervensystem.

Täglich ein kirschkerngroßes Stück Hefe

Viele Hundebesitzer schwören schon allein deshalb auf die tägliche Portion Hefe im Hundefutter, weil sich das ebenfalls darin enthaltene Biotin (Vitamin H) sehr positiv auf die Haut und das Fell des Hundes auswirkt. Lästiges Dauerhaaren das ganze Jahr über hört auf, und der Fellwechsel geht schneller vonstatten.

34

Mischen Sie Hefeflocken mit Weizenkeimen und verabreichen Sie Ihrem Hund von diesem Mix täglich – je nach Größe des Tieres – eine Menge von einem Teelöffel bis zu einem Esslöffel.

> **Extratipp** Manche Hunde, die von Bäckerhefe aufgrund der Gärung im Magen unangenehme »Winde« von sich geben, vertragen sehr gut Bierhefeflocken. Der Vorteil ist, dass sie nicht mehr gären.

Gesunde Zusätze, die wöchentlich ins Futter gehören

Auch wenn Sie immer nur das Beste für Ihren Vierbeiner wollen – es gibt Zusatzstoffe, bei denen es völlig ausreicht, wenn Sie sie ungefähr einmal in der Woche dem normalen Futter zufügen.

Bienenhonig

Sie sollten den reinen, echten Bienenhonig am besten über einen Imker beziehen. Honig ist als eines der ältesten und natürlichsten Heilmittel bekannt. Wenn Sie sich die Wirkstoffe im Honig vor Augen führen, wird Ihnen seine gesundheitsfördernde Wirkung – auch auf

35

Bitter schmeckende Kräuter oder Medizin können Sie Ihrem Hund leichter verabreichen, wenn Sie etwas Honig darunter mischen.

Hunde – schnell einleuchten. Er hat nachweislich eine starke Keim und Bakterien tötende Wirkung, daher wird Bienenhonig zum Beispiel erfolgreich bei Erkältungsgefahr eingesetzt.

>  **Wichtig** Honig enthält die Vitamine B_1, B_2, B_6, Vitamin C, Biotin und Nikotinamid, zudem verschiedene Fermente und Azetylcholin, außerdem Kalium, Natrium, Kalzium, Magnesium, Phosphorsäure, Eisen, Kupfer, Mangan und alle lebenswichtigen Aminosäuren.

36

Wenn Sie Knoblauch ins Hundefutter geben, fügen Sie gleichzeitig etwas Honig hinzu. Hunde lieben Honig, und so wird auch Ihr Vierbeiner sein Futter trotz des Knoblauchs auffressen.

Eine schmackhafte Seite hat Honig für Hunde natürlich auch! Und das Schöne daran ist, dass er entgegen allen anderen Süßigkeiten, die Zucker enthalten, ein Minimum an Energie aus der Leber verbraucht, um abgebaut zu werden.

Honig als Wundheilmittel

Noch wenig bekannt ist die Eigenschaft des Honigs als Heilmittel bei kleineren Wunden. Wenn er dünn auf die verletzte Stelle gestrichen wird, heilt die Wunde besser ab, da die Infektionsgefahr durch die bakterienhemmende Wirkung von Honig gebannt wird. Auch eine leichte Bindehautentzündung lässt sich durch einen Tropfen Honig ins Unterlid des Hundes heilen. Wir haben diese Behandlungsform selbst ausprobiert. Nach wenigen Tagen war die Bindehaut unserer Hündin wieder weiß und gesund.

Knoblauch

Oft verpönt wegen seines Geruchs, ist Knoblauch nichtsdestotrotz ein überaus gesundheitserhaltender bzw. -fördernder Zusatz zum Hundefutter. Die Inhaltsstoffe des Knoblauchs sind das schwefelhaltige, ätherische Knoblauchöl, Allylpropyldisulfid, Allyldisulfid (dieser Stoff ist auch verantwortlich für den charakteristischen Geruch der Knolle), Allyltrisulfid und Allyltetrasulfid. Diese Namen brauchen Sie sich nicht zu merken, vielmehr reicht es, wenn Sie sie einmal gehört haben – wirken tun sie trotzdem! Der Hauptwirkstoff Allicin besitzt eine stark bakterienhemmende Wirkung, wodurch beispielsweise Durchfall gestillt wird. Auch werden ihm krebsfeindliche Eigenschaften nachgesagt. Alle Stoffwechselstörungen, die aus dem Magen-Darm-Bereich kommen, können durch die Gabe von Knoblauchknollen behoben bzw. verhindert werden.

Die Knolle mit der großen Heilkraft

Weitere positive Eigenschaften der weißen Knolle sind die, dass sie krampflösend und sekretionssteigernd wirkt, einen günstigen Einfluss auf das Kreislaufsystem hat und die Widerstandskraft gegen Infektionen erhöht. Auch die Wirkung des Knoblauchs auf Faden und Spulwürmer ist immens: Hunde, die regelmäßig Knoblauch bekommen, werden so gut wie nie davon befallen.
Viele erfahrene Hundehalter schwören zudem auf die abschreckende Wirkung von Knoblauch auf Parasiten wie Zecken. Einmal wöchentlich eine halbe bis ganze Zehe (je nach Rasse bzw. Größe des Hundes) davon ins Futter reicht zur Vorbeugung.

Sie können dem Futter auch gesunden Knoblauchsaft oder Knoblauchgranulat aus dem Reformhaus untermischen.

🐕 **Extratipp** Am besten zerquetschen Sie die Zehe mit der Knoblauchpresse. Da Hunde nicht aus Hautporen transpirieren, brauchen Sie auch keine Angst vor lang anhaltender Geruchsbelästigung zu haben. Allenfalls nach dem Fressen riecht Ihr Hund eine Zeit lang streng aus dem Maul.

Reife Äpfel

Äpfel können bedenkenlos das ganze Jahr über immer wieder ins Futter gegeben werden. Im Herbst, wenn die reifen Äpfel von den Bäumen fallen und die Hunde beim Spaziergang von allein an diese Früchte herankommen, sollten Sie auf eine zusätzliche Fütterung verzichten, denn zu viel des Guten schadet nur.

Äpfel für die »Wellness« des Hundes

Äpfel enthalten nicht nur Vitamin A, B_1, B_2, B_6, C, E und Nikotinsäure sowie pflanzliches Eiweiß, die Spurenelemente Natrium, Kalium, Kalzium, Magnesium, Phosphor und Eisen in natürlicher Form, sondern auch einen Stoff, der sich Pektin nennt. Pektin ist außerordentlich förderlich für die »Wellness« Ihres Hundes. Es saugt – bildlich gesprochen – wie ein Schwamm alle Giftstoffe im Darm auf und befördert sie beim nächsten Lösen aus dem Körper. Am besten gibt man dem Hund Äpfel in klein geriebener Form ins Futter. Rohes Apfelmus ist auch hervorragend dazu geeignet, einen Fastentag beim Hund einzuleiten (siehe Seite 55).

Äpfel helfen heilen

Nutzen Sie die Heilkraft der Äpfel auch für Ihren Vierbeiner! Rohes, auf einer Glasreibe geriebenes oder püriertes Apfelmus hilft hervorragend bei Durchfall. Gekochtes Apfelmus dagegen wirkt abführend und löst eine Verstopfung im Hundedarm auf sanfte Weise auf.

37

Ein Apfelschnitz nach dem Fressen reinigt das Hundegebiss auch ohne Hundezahnpasta.

Geben Sie Ihrem Hund ruhig einen Bissen von Ihrem Apfel ab: Als Gesundmacher können Äpfel auch auf dem täglichen Futterplan stehen.

Eigelb und Eiweiß

Eier liefern dem Hund leicht verdauliches Protein. Im Eigelb ist Biotin enthalten, das sich positiv auf ein gesundes Fell auswirkt. Füttern Sie je nach Größe des Hundes zwischen einem Ei und drei Eiern pro Woche, roh oder gekocht. Gekochte Eier haben den Vorteil, dass in ihnen mit Sicherheit keine Salmonellen mehr existieren, die auch bei Hunden schwere Durchfälle verursachen können.

Gesunde Zusätze, die hin und wieder ins Futter gehören

Es gibt noch weitere Nahrungsmittel, deren wirksame Inhaltsstoffe die Gesundheit und Vitalität Ihres Hundes fördern. Es reicht allerdings aus, wenn Sie sie ab und zu dem Futter beifügen.

Bananen und Bananenmus

Bananen liefern dem Hund sehr viel natürliches Kalium. Bei leichten Durchfällen haben sie sich hervorragend als »Stopfmittel« ohne Nebenwirkungen bewährt, das den meisten Vierbeinern zudem gut schmeckt. Zerquetschen Sie die Frucht mit der Gabel, und geben Sie das Mus zum Futter. Auch ohne Darmerkrankung können Sie Ihrem Hund immer wieder einmal Bananenmus füttern.

Leinsamenschrot

Hunde mit Neigung zu Magen- und Darmbeschwerden sollte immer wieder Leinsamen gegeben werden. Schroten Sie den Leinsamen bei Bedarf frisch und lassen Sie ihn in etwas Wasser über Nacht einweichen. Er wird dann zu einem schleimigen Brei, der sich um die Magen- und Darmwände des Vierbeiners legt und Gärungs- und Fäulnisprozesse normalisiert. Deshalb ist er auch für alle gesunden Hunde ein bewährter »Darmpfleger«.

38

Die Eierschalen können Sie waschen, im Ofen trocknen und dann pürieren: Sie liefern unseren Hunden hochwertiges und natürliches Kalzium.

Zerdrücken Sie für Ihren Hund die braun gewordene Banane, die Ihre Kinder nicht mehr essen.

> 🐕 **Extratipp** Sehr zu empfehlen ist die Gabe von Leinsamen nach einer Antibiotikabehandlung des Hundes, da Antibiotika die Schleimhäute im Verdauungstrakt angreifen, und diese sich in der Folge entzünden können. Der Leinsamenbrei bringt hier rasche Heilung.

Kräutertee

Hier möchte ich nicht den Tee als Heilmittel für kranke Hunde anführen, sondern Ihnen nahe bringen, dass Tees auch bei gesunden Hunden die »Wellness« auf natürliche Weise steigern und erhalten können. Vielleicht trinken Sie selbst gern Tee. In diesem Fall schütten Sie kalt gewordene Teereste in Zukunft bitte nicht weg, sondern weichen Sie darin das Fertigfutter Ihres Hundes ein. Tee ist ja eigentlich Wasser, in dem sämtliche guten Wirkstoffe verschiedener Pflanzen in gelöster Form enthalten sind:

▶ Kamillentee kennt fast jeder als Getränk gegen Magen-Darm-Beschwerden, er hilft auch bei Hunden.

▶ Anistee löst Schleim aus den Bronchien.

▶ Tee aus Birkenblättern wirkt harntreibend und entschlackend und er beugt Ekzemen vor.

▶ Tee aus zerpulverter Eichenrinde hilft Hunden mit Neigung zu Durchfällen, da er viele Gerbstoffe enthält.

▶ Tee aus Labkraut reguliert die Funktion der Nieren.

▶ Pfefferminztee ist bekannt für seine krampflösende Wirkung.

▶ Melissentee wirkt beruhigend auf nervöse Gemüter und positiv auf das Herz und reduziert schädliche Bakterien in Magen und Darm.

Für alle positiven Inhaltsstoffe der verschiedenen Tees ist auch ein gesunder Körper dankbar, da sie seine Anfälligkeit für bestimmte Leiden mindern. Dennoch sollten Sie Ihrem Vierbeiner diesen Tee nicht ständig, in größeren Mengen, oder über einen längeren Zeitraum anbieten, da Melisse ein Heilmittel ist und auch hier die alte Regel gilt: Ein Zuviel davon bewirkt das Gegenteil von dem, was beabsichtigt war.

39

Bei Entzündungen im Maul und im Lefzenbereich hilft Kamillentee bei der Wundheilung.

Margarine

Fügen Sie dem Futter Ihres Hundes ab und zu statt des Teelöffels Öl einen kleinen Klecks pflanzliche Margarine bei. Sie ist ein wertvoller Lieferant für Vitamin E in natürlicher Form. In 100 Gramm Margarine sind etwa 66 Milligramm davon enthalten. Weiterhin enthält sie die Vitamine A und D sowie eine gute Portion der wichtigen einfach und mehrfach ungesättigten Fettsäuren. Achten Sie bitte bei der Margarine darauf, dass ihr möglichst keine künstlichen Konservierungsstoffe beigesetzt sind.

Können Zusätze das Gleichgewicht des Futters stören?

Alle angeführten Zusätze zum Hundefutter Ihres Hundes sind ausschließlich natürlichen Ursprungs. Immer wieder hört man aber – meist von Futtermittelverkäufern –, dass solche Zusätze das Gleichgewicht des Futters verschieben würden, so dass die Zusammensetzung der Nahrung nicht mehr optimal sei. Diese Bedenken sind wahrscheinlich berechtigt, wenn Hundehalter Ihrem Vierbeiner zusätzliche chemisch hergestellte und meist hochkonzentrierte Mittel geben, die den natürlichen Bedarf des Hundes an einem bestimmten Vitamin oder Mineralstoff komplett decken. Hierbei ist tatsächlich Vorsicht geboten, denn es gibt natürlich Stoffe und Vitamine, die nicht überdosiert werden sollten, da sie ansonsten am Hund bleibende Schäden oder chronische Krankheiten verursachen.

40 Auch ein Stück Käse ist bei Hunden beliebt und sehr gesund! Achten Sie jedoch auf den Fettgehalt: Zu viel fetter Käse verursacht schleichend Gewichtsprobleme!

Die Menge ist entscheidend

Um jedoch alle Zweifel aus dem Weg zu räumen, haben wir bei unserer Tierärztin nachgefragt, ob die Einwände gegen natürliche Zusätze im Hundefutter berechtigt seien und ob diese tatsächlich das Gleichgewicht von Fertigfutter auf nachteilige Weise stören können. Ihre Antwort war ebenso einfach wie vielsagend: »Wenn Sie Ihrem Hund täglich zehn Kilogramm Möhren, einen Berg Joghurt und eine Literflasche Öl geben – dann stimmts!«

Futterkuren für noch mehr »Wellness«

41

Mit ausgesuchten Futterzusätzen kann man auf die jeweiligen Bedürfnisse eines Hundes sehr gezielt und positiv einwirken.

Obwohl jeder von uns genannte Futterzusatz sinnvoll und gesund ist, wäre es nicht ratsam, alle auf einmal zu verabreichen. Ein aufmerksamer Hundehalter wird vielmehr die Zusätze aussuchen, die den Bedürfnissen seines Hundes entsprechen. Die beiden folgenden Beispiele sollen Ihnen dies erläutern: Quält sich ein Hund immer wieder mit Verstopfung, sollte regelmäßig faserreiches Futter verabreicht werden, am besten vermischt mit etwas Öl und gekochtem Apfelmus – Bananen wären hier natürlich fehl am Platz. Wird ein Hund besonders oft von Zecken befallen, dann ist Knoblauch für ihn der Futterzusatz Nummer eins! Das Gleiche gilt für unsere Kuren: Bei einem Hund, der Zeit seines Lebens nie unter irgendwelchen Infektionskrankheiten gelitten hat, ist es mit Sicherheit nicht nötig, ständig das Immunsystem zu stärken. Dies ist für denjenigen Vierbeiner angezeigt, der häufig unter Schnupfen leidet oder leicht ansteckende Magen-Darm-Infektionen bekommt. Ob Sie nun die Abwehrkräfte Ihres Hundes stärken, ihm den Fellwechsel erleichtern oder ihm einfach zu mehr Lebensfreude verhelfen wollen – es ist für jeden etwas dabei!

Gesunde, vitale Hunde genießen das Herumtollen mit anderen Hunden.

Die Blütenpollenkur

Diese Kur mit Blütenpollen und Honig ist nicht nur im Frühjahr wirkungsvoll – Sie können sie zu jeder Jahreszeit durchführen. Die Blütenpollen enthalten Mineralstoffe wie Kalium, Magnesium, Kalzium, Kupfer, Eisen, Silicium, Phosphor, Schwefel, Chlor und Mangan. Fast zur Hälfte bestehen Pollen aus den lebenswichtigen (= essenziellen) mehrfach ungesättigten Fettsäuren Linolsäure, Linolensäure und Arachidonsäure. Am erstaunlichsten aber ist der unglaubliche Vitamingehalt. In 100 Gramm Pollen sind nicht weniger als 500.000 Mikrogramm Vitamin A, sowie die Vitamine B_1, B_2, B_6, C, D, E, H, Nikotinsäure, Panthothensäure und Folsäure enthalten. Weiterhin besitzen Blütenpollen wie auch echter Bienenhonig bakterienfeindliche Stoffe, auch als natürliches Antibiotikum bekannt. Die Blütenpollenkur

▶ steigert das allgemeine Wohlbefinden

▶ wirkt stoffwechselanregend

▶ erhöht die Fruchtbarkeit bei Hündinnen

▶ setzt die Allergiebereitschaft bei pollenallergischen Hunden herab

▶ Dauer: sechs Wochen

42

Blütenpollen vertreiben die Frühjahrsmüdigkeit und machen schlappe Vierbeiner wieder mobil. Kombinieren Sie Blütenpollen mit Honig, dann haben Sie doppelten Nutzen!

> 🐕 **Wichtig** Blütenpollen werden nicht oder nur in den seltensten Fällen wie Honig im Supermarkt angeboten. Beziehen Sie diese aber wegen der Reinheit am besten direkt über einen Imker!

Dauer der Anwendung

Im Allgemeinen dauert eine Blütenpollenkur sechs Wochen, wobei Sie Ihrem Hund je nach Größe oder Rasse täglich einen halben bis anderthalben Teelöffel der braungelben Körnchen ins Futter geben. Da Blütenpollen ein natürliches Nahrungsmittel sind, schadet es Ihrem Hund aber auch nicht, wenn Sie diese Kur noch für eine Weile verlängern. Man sollte jedoch Pollen nicht das ganze Jahr über verabreichen, da sonst ihre Wirksamkeit verloren geht.

Die Seealgenkur

Eine Seealgenkur hat
bei Hunden eine
geradezu spektakuläre,
gesundheitsfördernde
Wirkung.

Im Fachhandel bekommen Sie Algen auch unter der Bezeichnung Seealgenmehl oder Seetang. Was z. B. in Japan auch für Menschen seit Urzeiten ein gesundes Nahrungsmittel ist, wurde in der westlichen Welt erst vor kurzem entdeckt. Seealgen gibt es gepresst in Tablettenform oder als grünes Pulver im Reformhaus. Sie enthalten fast alle lebenswichtigen Mineralstoffe, Spurenelemente und Vitamine. Hervorheben muss man den hohen Gehalt an Jod 27, der Schilddrüsenfehlfunktionen ohne Nebenwirkungen ausgleicht. Hunde, die durch eine eingeschränkte Funktion der Schilddrüse lustlos und müde gewirkt haben, werden wieder lebhaft. Die Seealgenkur

▶ wirkt ausgleichend bei Schilddrüsenfehlfunktionen

▶ wirkt ausgleichend bei Hormonschwankungen, unter denen läufige Hündinnen leiden.

▶ fördert die Pigmentierung

▶ wirkt juckreizlindernd bei Hunden mit allergischen Reaktionen

▶ Dauer: acht bis zehn Wochen

Seetang für ein gesundes Fell

43

Was für manche Frauen
die Beautykur ist, ist
für unsere Vierbeiner
die Seealgenkur – beides
soll schön machen!

Eine weitere Wirkung von Seetang lässt sich mit bloßem Auge feststellen: Er sorgt für ein dichteres, glänzendes Fell, die Fellfarben werden dunkler und intensiver, weil im Körper mehr Pigmente gebildet werden. Dementsprechend werden bei Hunden, die Algen erhalten, auch die Krallen dunkler und gesünder, außerdem die Lidränder und die Schleimhäute. Nur bei Rassen, die ein reinweißes Fell anstreben, wird dieser gesunde Pigmentverstärker nicht gern gegeben.

> 🐕 **Wichtig** Allergischen Hunden, denen Seealgen zur Linderung des Juckreizes gegeben werden, können die Tabletten oder das Pulver auch über einen längeren Zeitraum gefahrlos fressen. Bei nicht-allergischen Hunden empfiehlt sich hingegen eine Kur über acht bis zehn Wochen.

Die Kräuterkur

Heilkräuter sind – äußerlich wie innerlich angewendet – ein wahrer Gesundbrunnen für Hunde. Bei der hier beschriebenen Kur beschränken wir uns auf drei Heilkräuter, die jedermann bekannt sind, leicht und über lange Zeit im Frühjahr zu finden, und auch getrocknet bzw. als Frischsaft erhältlich sind. Die Kräuterkur

▶ wirkt entschlackend
▶ ist stoffwechselanregend
▶ wirkt blutreinigend und Blut bildend
▶ setzt die Allergiebereitschaft bei pollenallergischen Hunden herab
▶ Dauer: sechs bis acht Wochen

Brennnesseln

Schon vor vielen hundert Jahren wussten die Menschen um die Wirksamkeit der Brennnessel. So war schon früh bekannt, dass äußerliche Einreibungen mit Brennnesselblättern zwar sehr schmerzhafte Quaddel auf der Haut hervorrufen, dass ihre Wirkstoffe aber eine starke schmerzlindernde und sogar heilende Wirkung bei rheumatischen Beschwerden besitzen. Denn in ihrem unscheinbaren Äußeren stecken wichtige Heil- und Nährstoffe, die vor allem auf die Funktion von Magen und Darm safttreibend wirken. Sogar die Funktion der Bauchspeicheldrüse bringt die Brennnessel ins Gleichgewicht. Harnstoffe, die den Hund mit der Zeit krank machen können, werden durch die gesteigerte Harnproduktion schneller ausgeschieden.

Vielseitige Inhaltsstoffe

In einem jungen Brennnesselblatt sind Chlorophyll, Gerbstoffe (gut gegen Durchfall!), Histamin, Ameisensäure (die bei der Berührung mit der Pflanze brennt) und Schleimstoffe enthalten. Auch Mineralsalze wie Kalium, Kalzium, Eisen, Schwefel, Natrium, Kieselsäure und die Vitamine C, B_2, Pantothen und Sekretin liefert das Kraut in natürlicher Form.

44
Sammeln Sie während der ganzen Frühlingszeit und im Sommer Brennnesseln, Löwenzahn und Gänseblümchen, die in der Sonne trocknen können. Gemischt und in einem verschließbaren Glas aufbewahrt, haben Sie so einen ausreichenden Vorrat für den Winter.

Tipps zum Brennnesselsammeln

Brennnesseln können Sie im Frühjahr bereits ab März selbst sammeln. Nehmen Sie nur die frischen, jungen Blätter, und achten Sie darauf, dass Sie nicht gerade Pflanzen am Straßenrand pflücken, wo sie von den Abgasen der Autos belastet sind. Auch neben frisch gespritzten Feldern sollten Sie das Kraut wegen der Vergiftungsgefahr mit Pestiziden auf keinen Fall abernten. Mischen Sie die Blätter frisch gewaschen und fein gehackt ins Futter, oder geben Sie sie trocken und in feiner Pulverform der Nahrung Ihres Hundes bei. Übrigens: Pollenallergischen Hunden hilft das Kraut im Frühjahr, sich auf die nahende Pollensaison einzustellen!

Brennnesselsaft oder Brennnesseltee aus der Apotheke oder dem Reformhaus haben die gleiche Wirkung wie frisch gepflückte Brennnesselblätter.

Löwenzahn

Neben Vitamin D in natürlicher Form und weiteren verschiedenen Wirkstoffen des jungen, frischen Blattes enthält die Wurzel des Löwenzahns auch ätherisches Öl. Der Verzehr dieser Pflanze beugt vor allem Kreislauf- und Nierenstörungen vor und verhütet Wurmer-

Löwenzahn tut auch unseren Hunden gut! Das vitaminreiche Kraut wirkt belebend auf Stoffwechsel und Kreislauf, gilt als blutreinigend und Wasser treibend.

krankungen. Für das Sammeln und die Gabe der Löwenzahnblätter gilt das Gleiche wie für die Brennnesselblätter. Wenn Sie die Pflanze nicht selbst sammeln wollen, können Sie stattdessen den Frischsaft des Löwenzahns in der Apotheke kaufen.

Gänseblümchen

Gänseblümchen wirken sehr positiv auf Magen, Darm und vor allem die Galle. Eine weitere wichtige Eigenschaft dieser kleinen Blume ist ihre juckreizlindernde Wirkung für Hunde mit Hautproblemen. Die Pflanze enthält vor allem Saponine, Gerbstoffe, Bitterstoffe, Schleim, Inulin und ätherisches Öl.

So mag Ihr Hund die kleinen Blumen

Sie können Ihrem Vierbeiner entweder die frisch gepflückten Blütenköpfe klein hacken und unters Futter mischen, oder diese trocknen und in pulverisierter Form der Hundenahrung beigeben. Mit heißem Wasser lassen sich getrocknete Gänseblümchen zu Tee aufbrühen, den Ihr Hund über den Tag verteilt entweder im Trinkwasser oder anstatt desselben zu sich nehmen kann.

Wie wird die Kräuterkur angewendet?

Mischen Sie entsprechend der hier vorgeschlagenen Kur täglich je nach Größe Ihres Hundes zwischen einem Teelöffel und zwei Esslöffeln fein gehacktes Brennnessel- und Löwenzahnkraut sowie zwei bis acht Gänseblümchen unter das Futter Ihres Vierbeiners.

45

Während des Fellwechsels hilft die Gabe von Gänseblümchen, da viele Hunde in dieser Zeit stark zum Kratzen neigen und diese Pflanze den Juckreiz lindert.

> **Achtung** Lassen Sie den Tee erst abkühlen, bevor Ihr Hund ihn trinkt! Hat er sich auch nur einmal an zu heißem Tee die Nase oder die Zunge verbrannt, kann es sein, dass er den typischen Geruch des Tees ständig mit dem Schmerz in Verbindung bringt und diesen ablehnt.

Die Kalte-Jahreszeiten-Kur

Ob Novembernebel, Minusgrade oder Schneematsch – mit einem gesunden Immunsystem kann unser Vierbeiner jedem Wetter trotzen. Damit Erkältungskrankheiten erst gar keine Chance haben, sollten Sie schon Anfang November die Ernährung Ihres Hundes der kommenden Winterzeit anpassen. Die Kalte-Jahreszeiten-Kur

▶ stärkt das Immunsystem

▶ bereitet den hündischen Organismus auf die kalte Jahreszeit vor

▶ Dauer der Kur: ungefähr 18 Wochen, von Anfang November bis Ende Februar

46

Durch gezielte Futterzusätze können Sie schon im Herbst dafür sorgen, dass Ihr Hund den Winter über gesund bleibt.

Winterfutter

Beugen Sie Erkältungen durch folgende Tee-Spezialmischung vor: 10 g Lindenblüten, 10 g Holunderblüten, 30 g Hagebuttenfrüchte mit Samen, 10 g Lavendelblüten.

Einen Teelöffel der Mischung mit einem Viertelliter kochendem Wasser übergießen, den Tee fünf Minuten ziehen lassen, anschließend mit einem Teelöffel Honig süßen.

Viele Hunde trinken diesen Tee freiwillig, andere lassen sich über den Tag verteilt immer wieder einen Teelöffel einflößen. Kann sich Ihr Hund mit dem Geschmack partout nicht anfreunden, empfehlen wir, das Hundefutter mit warmer Fleischbrühe oder mit etwas verdünntem Pfefferminztee anzuwärmen.

Lassen Sie sich die Zutaten für den hier empfohlenen Erkältungstee in der Apotheke, dem Reformhaus oder im Kräuterhaus zusammenstellen.

Energiequelle Pflanzenöl

Geben Sie Ihrem Hund im Winter täglich einen Löffel gutes, kalt gepresstes Sonnenblumen-, Weizenkeim- oder Distelöl ins Futter. Damit liefern Sie ihm nicht nur eine zusätzliche, besonders hochwertige Energiequelle, sondern beugen auch Fehlern im Fettstoffwechsel vor. Besonders Hunde, die auch im Winter viel draußen sind, benötigen mehr Energie, um der Kälte zu trotzen. Für diese Vierbeiner sind die täglichen Gaben dieser Öle besonders empfehlenswert.

Mit Knoblauch den Infekten vorbeugen

Geben Sie Ihrem Hund besonders im Winter ein- bis zweimal wöchentlich eine zerdrückte Knoblauchzehe ins Futter. Knoblauch wirkt sich positiv auf das komplette Kreislaufsystem aus, wirkt krampf- lösend, bakterientötend, antimykotisch, sekretionssteigernd und erhöht die Widerstandskraft gegen Infektionskrankheiten!

Vitamin C hilft Ihrem Hund gesund durch den Winter

Auftrieb erfährt das hündische Immunsystem auch mit einer Hage- buttenmus-Honigmischung: Hagebuttenmus liefert viel Vitamin C, das durch den Nährstoffreichtum des Honigs noch ergänzt wird. Mi- schen Sie je nach Größe des Hundes je einen halben Teelöffel bis ei- nen Esslöffel Hagebuttenmus und Honig unters Futter.

47

Hochwertiges Hagebuttenmus erhalten Sie im Reformhaus oder im gut sortierten Bioladen.

Die Fellwechselkur

Die Zeit des Fellwechsels bedeutet für unsere Hunde körperliche Höchstleistung: Innerhalb weniger Wochen wird ein Großteil des be- stehenden Winterfells gegen neu nachwachsendes Sommerfell ausge- tauscht. Für diese Leistung muss der ganze Stoffwechsel auf Hoch- touren arbeiten. Vielen Hunden ist ihr Unwohlsein in dieser Zeit regelrecht anzusehen: Zerzaust, an manchen Stellen kahl, mit teilwei- se juckender Haut, sitzen oder liegen sie da und sind mit nichts aus der Reserve zu locken.

Züchter und versierte Hundehalter haben unterschiedliche Geheim- tipps parat, mit deren Hilfe sie ihren Hunden den Fellwechsel erleich- tern und gleichzeitig für ein schönes Haarkleid sorgen. Die hier vor- geschlagene Kur können Sie mit Beginn des Fellwechsels für vier bis acht Wochen durchführen. Die Fellwechselkur:
- ▶ wirkt stoffwechselanregend
- ▶ fördert gesunde Haut und glänzendes Fell
- ▶ Dauer: vier bis acht Wochen

Glänzendes Fell durch Eigelb

Mischen Sie wöchentlich ein bis zwei Eigelbe unter das Futter Ihres Vierbeiners. Zuständig für einen wunderschönen Fellglanz ist der hohe Anteil an ungesättigten Fettsäuren im Eigelb.

> **Wichtig** Füttern Sie ruhig auch das Eiweiß mit, schließlich weist es eine hohe biologische Wertigkeit auf. Wollen Sie sicher gehen, dass das Biotin dadurch nicht zerstört wird, fügen Sie das Eiweiß gekocht hinzu.

Hefepilze

Hefetabletten oder auch frische Hefe, ebenfalls unters Futter gemischt, verschönern als natürliche Vitamin-B-Quellen das Fell unserer Hunde. Doch nicht jeder Hund mag den etwas bitteren Geschmack frischer Hefe im Futter. Als ebenso preisgünstige wie praktische Alternative bieten sich in diesem Fall die sehr schmackhaften Hefeflocken an, die es im Reformhaus zu kaufen gibt.

Streuen Sie je nach Größe Ihres Hundes einen halben bis zwei Teelöffel Hefeflocken über das Futter.

Leinsamenkörner

Übers Futter gestreute Leinsamenkörner zaubern durch ihren hohen Anteil an ungesättigten Fettsäuren ebenfalls einen schönen Glanz in das Fell ihres Hundes. Leinsamen muss jedoch am Vorabend der Fütterung frisch geschrotet und eingeweicht werden, um seine Wirksamkeit zu entfalten.

48

Leinsamen reguliert nicht nur die Verdauung Ihres Vierbeiners – er hilft auch bei der Fellpflege.

Weizenkeime

Auch Weizenkeime sind vorzüglich geeignet, wenn man etwas für das Fell seines Hundes tun will. Sie enthalten u. a. viel Vitamin B und E, wasserlösliche Vitamine und ungesättigte Fettsäuren. Ihr Vorteil: Sie müssen nicht vorgekocht werden.

Die Rundum-Fit-Frühjahrskur

Nicht nur bei uns setzt sich der Plätzchenteller als Rettungsring auf der Hüfte ab, er beschert auch Bello zusätzliche Pfunde. Diese Kur eignet sich daher sehr gut als Einstieg ins neue Jahr und sie

▶ vertreibt die Wintermüdigkeit und reduziert den Winterspeck

▶ kurbelt das Immunsystem an

▶ Dauer: zehn Tage

Schlankmachender Futterzusatz

Ersetzen Sie für zehn Tage die Hälfte Ihres Fertigfutters durch sehr weich gekochten Naturreis (wahlweise durch Vollkornnudeln). Fügen Sie außerdem gekochtes und püriertes Möhrengemüse löffelweise hinzu, einen Spritzer kaltgepresstes Öl, damit Ihr Hund die fettlöslichen Vitamine der Möhre verwerten kann, eine frisch ins Futter gepresste Knoblauchzehe und je einen Löffel Honig und Quark. Verrühren Sie alles gut miteinander, fügen Sie bei Bedarf noch etwas heißes Wasser hinzu, bis ein weicher, sämiger Brei entsteht.

49

Statt regelmäßiger Fastenkuren kann auch diese »Rundum-Fit-Frühjahrskur« öfter im Jahr durchgeführt werden.

Nach einem langen Winter bringt vitaminreiche und kalorienreduzierte Nahrung Ihren Hund wieder richtig in Schwung.

Die Stärkungskur für das Immunsystem

Selbst bei bester Pflege kann es passieren, dass ein Hund einmal nicht richtig fit ist. Ihm, und auch vom Welpenalter an eher kränklichen Hunden, hilft diese Kur. Wenn nötig, können Sie sie im Abstand von vier Wochen mehrmals wiederholen. Sie

▶ ist hilfreich bei der Rekonvaleszenz

▶ fördert das Immunsystem und beugt Krankheiten vor

▶ hilft dem Hund mit körperlichen und seelischen Belastungen fertig zu werden (Läufigkeit, Umzug, Besitzerwechsel)

▶ Dauer: mindestens acht Wochen

Echinacea

Stärkungsmittel Nummer eins für ein angeschlagenes Immunsystem ist der Purpurne Sonnenhut, inzwischen besser bekannt unter seinem botanischen Namen Echinacea. Besorgen Sie sich Presssaft aus der Apotheke und mischen Sie täglich zwischen fünf und zehn Tropfen unters Futter, je nach Größe Ihres Hundes.

Vitamine

Geben Sie während der Kur regelmäßig kaltgerührtes Hagebutten-mus teelöffel- bis esslöffelweise unters Futter, es liefert vor allem Vitamin C, das Stressvitamin in Zeiten körperlicher und seelischer Belastung. Hefeflocken oder frische Bierhefe versorgen den Hund mit den B-Vitaminen, über deren positive Wirkung auf das Nervensystem des Vierbeiners Sie auf Seite 32 nachlesen können.

Löwenzahn

Oft hilft es schon, einen geschwächten Organismus von alten Schlacken und Giften zu befreien. Löwenzahn, den Sie fein gehackt und tee- bis esslöffelweise ins Futter geben, wirkt entschlackend und blutreinigend.

50

Hefeflocken können noch mehr: Manche Hunde, die eine ausgeprägte Gier nach Kot zeigen, ändern durch das Fressen von Hefe ihr Verhalten. Geben Sie alternativ zur Hefe einige Tage lang Heilerde aus dem Reformhaus zur innerlichen Anwendung ins Futter.

Ein starkes Immunsystem setzt auch die Allergieanfälligkeit bei Ihrem Hund erheblich herab.

Die Diätkur

»Jeder dritte Hund ist zu fett!«, wurde bei einer kürzlich veröffentlichten Studie bekannt. Mangelnde Bewegung und falsche Ernährung sind verantwortlich für die Gewichtsprobleme der Hunde. Eine Diät

▶ reduziert das Gewicht

▶ Dauer: sechs bis acht Wochen

> **Achtung** Übergewicht kann zu massiven gesundheitlichen Problemen bei Ihrem Hund führen: Die Gelenke und Knochen werden überstrapaziert, es können Herz- und Kreislaufprobleme entstehen und der Magen-Darm-Trakt kann geschädigt werden.

51

Sollte Ihr Hund zu den Exemplaren gehören, die trotz genügend Nahrung ständig hungrig wirken, geben Sie ihm eine halbe Stunde vor der Hauptfütterung einen Teelöffel Traubenzucker.

Ab auf die Waage

Wiegen Sie Ihren Hund zu Beginn seiner Diät, damit Sie einen Überblick über die genaue Gewichtsabnahme behalten. Wenn Sie sich nicht sicher sind, ob Ihr Hund Übergewicht hat, oder es sich nicht zutrauen, einen geeigneten Ernährungsplan aufzustellen, suchen Sie Ihren Tierarzt auf. Er berät Sie gern.

>  **Wichtig** Lassen Sie Bello Zeit mit der Gewichtsabnahme: Was sich während der Wintermonate an Speck angesammelt hat, kann nicht in einer Woche wieder verschwunden sein! Realistisch ist es, eine Diätdauer von zwei bis drei Monaten anzusetzen.

Fette Hunde sind oft mürrisch, ohne Lebensfreude und bewegungsfaul.

Reduzieren Sie die Futtermenge

Alles, was Ihr Hund auf den Rippen hat, muss er sich vorher angefressen haben. Reduzieren Sie also zunächst die Futtermenge auf 60 Prozent seiner vorherigen Menge. Weniger sollte es nicht werden.

Bei manchen Hunden ist es hilfreich, während einer Abmagerungskur die Futtermenge auf drei Mahlzeiten zu verteilen, so wird der Verlust der Zwischendurch-Leckerlis als nicht so schmerzlich empfunden.

Weizenkleie

Soll die Schüssel weiterhin ordentlich voll bleiben, können Sie einen Teil des normalen Futters durch »Füllmaterial« ersetzen: Mischen Sie ein bis zwei Esslöffel angefeuchtete Weizenkleie darunter, oder erhöhen Sie den Rohkostanteil (geriebene Möhren, Äpfel oder gehackter Salat). Im Fachhandel erhältlich ist neuerdings auch spezielle Futterzellulose, die satt aber nicht dick machen soll.

52

Hunde freuen sich über ein zusätzliches Kraulen und Streicheln mindestens so sehr wie über ein Leckerli!

Spezielle Diätfutter

Weitere Diätfuttermittel sind Magerquark (liefert hochwertiges tierisches Eiweiß!), Lunge und frischer Pansen. Im Fachhandel gibt es außerdem spezielle Diätfutter, die reich an Ballaststoffen sind und alle notwendigen Vitamine und Inhaltsstoffe enthalten. Der Vorteil daran ist, dass sich Ihr Hund trotz Diät an einer vollen Futterschüssel erfreuen kann. Informieren Sie sich über die verschiedenen Sorten speziellen Diätfutters im Futterhandel oder bei Ihrem Tierarzt.

Achtung Wenn Ihr Hund eine Diätkur macht, sollten Sie ihm keinen getrockneten Pansen geben – er ist im Vergleich zum frischen sehr kalorienreich und würde die Diät zunichte machen.

Auf Leckerlis verzichten

Statt Keksen und kalorienreichen Leckerlis, zu denen kaum ein Hund »Nein« sagt, wenn er sie angeboten bekommt, sollten Sie Bello zwischendurch eine frische Möhre oder einen durchgetrockneten Brotkanten zu knabbern geben.

Außerdem sind jetzt mehr Bewegung und Ablenkung als sonst angesagt. Auf diese Weise wird Ihr Hund zum einen von dem Verlust seiner geliebten Leckereien abgelenkt, zum anderen hilft ihm die Bewegung dabei, kontinuierlich abzunehmen.

Fett ist lebenswichtig

Denken Sie daran, dass Fett für alle Hunde lebensnotwendig ist. Vor allem ungesättigte Fettsäuren müssen in der Hundenahrung enthalten sein, da der Stoffwechsel des Hundes sie nicht herstellen kann.

Das Futter muss alle Nährstoffe enthalten

Sorgen Sie unbedingt dafür, dass bei Ihrem Vierbeiner trotz der Nahrungsreduzierung eine vollständige Versorgung mit Vitaminen, Mineralien und Spurenelementen gewährleistet ist.
Alle Familienmitglieder sollten sich an Bellos neuen Ernährungsplan halten und ihn nicht heimlich mit Leberwurstbroten füttern. Wahrscheinlich leiden Sie unter Bellos Diät mehr als Ihr Hund selbst ...

Trotz Futterreduzierung sollten Sie keinesfalls den täglichen Löffel Sonnenblumenöl im Futter vergessen.

Auch wenn Ihr Kind den Hund noch so liebt, sollte es nicht regelmäßig sein Brot mit ihm teilen!

53

Die Fastenkur oder der Fastentag

Fasten gehörte für die Vorfahren unserer Hunde genauso zum Leben wie Fressen, es war sogar ein fester Bestandteil ihres Lebens. Wölfen war nicht jeden Tag Jagdglück beschieden. Daher vergingen zwischen zwei Mahlzeiten oft Tage, an denen sich die Tiere von einem Happen Maus oder Obst und Gräsern ernährten. Im Winter konnte es auch vorkommen, dass sie tagelang gar nichts fraßen. Die Fastenkur

▶ reinigt den Körper von innen
▶ spendet neue Energie
▶ Dauer: Siehe Anleitung im Text

Fasten ist gesund

Zu Fastenzeiten war der Magen und der Darm eines Wolfes völlig leer. Ein leerer Darm aber saugt alle Giftstoffe, die sich mit der Zeit in einem Körper ansammeln und die Körperfunktionen beeinträchtigen, wie ein trockener Schwamm auf. Beim nächsten Lösen werden sie dann mit hinausbefördert.

Die 3-Tage-Fastenkur nach H. G. Wolff

Auch unser Haushund profitiert wie seine Vorfahren und die Wölfe von einem Hungertag. Sehr bewährt hat sich zur Gesunderhaltung der Hunde eine dreitägige Fastenkur nach dem Tierarzt H. G. Wolff. Er empfiehlt, dass der Hund zu Beginn drei Tage lang fasten soll. An diesen Tagen erhält er nur Wasser und jeden Abend ein mildes Abführmittel, damit der Darm vollständig entleert wird.

Ernährung nach den Fastentagen

Am vierten Fastentag soll der Hund laut H. G. Wolff zur gewohnten Stunde Folgendes zu sich nehmen: jeweils einen Esslöffel (für große Rassen) oder einen Teelöffel (für alle kleinen Rassen) rohes Hackfleisch, grobe Haferflocken, rohe geriebene Möhren (oder ein anderes

53

Für uns ist H. G. Wolffs Homöopathiebuch für Hunde ein unentbehrliches Nachschlagewerk (siehe Literaturhinweise Seite 95).

Wurzelgemüse, das unter der Erde wächst) und roh gehackte Salatblätter (Blattgrün, die Salatsorte kann je nach Jahreszeit wechseln, sie sollte über der Erde wachsen).

Dauer der Kur

Diese Menge soll täglich um einen Löffel von jeder Sorte vermehrt werden, bis die normale Futtermenge erreicht ist (was der Hund selbst anzeigt, indem er etwas übrig lässt), und sie soll in dieser Form mindestens vier Wochen lang fortgesetzt werden.

Fastenkuren sind für jeden Hund geeignet

Natürlich muss Ihr Hund nicht erst krank werden, bevor Sie mit ihm diese Fastenkur durchführen. Auch ein gesunder, junger Hund profitiert nach unseren Erfahrungen davon. Allerdings gaben wir damals kein Abführmittel, sondern sorgten für viel Bewegung an der frischen Luft. Sollten Sie dennoch genau nach Anweisung eine Fastenkur mit Ihrem Hund durchführen wollen, fragen Sie in Ihrer Apotheke oder bei Ihrem Tierarzt nach einem geeigneten Mittel.

54

Lassen Sie sich immer bestätigen, dass das Fleisch, das Sie verfüttern, aus kontrollierten Viehbeständen kommt und frei von BSE-Erregern ist.

 Achtung Mit Hackfleisch ist natürlich nur Rinderhack gemeint! Auch wenn wir Ihnen zuvor empfohlen hatten, Ihrem Hund Fleisch nicht roh zu geben, möchten wir hier doch das »Rezept« im Original weitergeben, da sonst eine Beeinträchtigung der Wirkung die Folge sein könnte.

Der wöchentliche Fastentag

Im Anschluss an eine solche Kur sollten Sie an einem bestimmten Wochentag einen Fastentag für Ihren Hund einlegen, der den Effekt dieser Kur dauerhaft festigt. Auch wenn Sie es nicht übers Herz bringen sollten, die längere Fastenkur mit Ihrem Hund in Angriff zu nehmen, so gönnen Sie ihm wenigstens einen wöchentlichen Fastentag.

Hunde gewöhnen sich schnell ans Fasten

Natürlich wird Ihr Hund anfangs zur gewohnten Stunde darauf bestehen, dass jetzt Fütterungszeit ist, doch er wird bald verstanden haben, dass es an einem Tag in der Woche eben nichts gibt. Hunde fühlen sich dabei auch nicht unwohl. Wir selbst stellen bei unseren Hunden fest, dass sie an ihrem Fastentag sogar lebhafter und fröhlicher sind als an anderen Tagen. Viele Hundebesitzer, mit denen wir befreundet sind, haben uns dasselbe berichtet. Ein Tag ohne Nahrung fördert tatsächlich die »Wellness«.

55

Legen Sie den Fastentag auf einen Tag, an dem Sie selbst planen, außer Haus zu essen – dann muss Bello Ihnen nicht beim Essen zusehen.

Den Fastentag richtig vorbereiten

Im Lauf der Zeit haben wir bei unseren Hunden festgestellt, dass man einen Fastentag durch bestimmte natürliche Zusätze im Futter des Vortages doppelt so effektiv durchführen kann.

Am Tag davor

Bevor Sie den Fastentag einlegen, sollten Sie Ihrem Hund Folgendes verabreichen:

56

Sie dürfen die Futtermenge für Ihren Hund am Tag nach dem Fastentag auf keinen Fall erhöhen.

▶ Mischen Sie zerquetschten Knoblauch (je nach Größe und Rasse des Hundes zwischen einer halben und zwei Zehen) unter das Hundefutter. Knoblauch wirkt desinfizierend, bakterientötend und wurmwidrig auf Faden- und Spulwürmer im Darm, er reguliert den Stoffwechsel und erhöht zuverlässig die Widerstandskraft Ihres Vierbeiners gegen Infektionen.

▶ Rühren Sie einen Teelöffel echten Bienenhonig ins Futter. Honig ist reich an Vitaminen und Mineralstoffen, erhöht die Abwehrkräfte und wirkt positiv auf den gesamten Stoffwechsel. Besonders positiv ist seine Wirkung auf die Leber, die ja das große Entgiftungsorgan in unserem Körper darstellt. Zudem bindet Honig ein wenig den penetranten Geschmack des Knoblauchs.

▶ Mischen Sie einen fein gehackten oder geriebenen Apfel ins Futter. Die darin enthaltenen Pektine saugen die Giftstoffe im Darm auf.

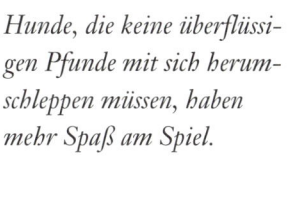

Hunde, die keine überflüssigen Pfunde mit sich herumschleppen müssen, haben mehr Spaß am Spiel.

▶ Geben Sie auch Leinsamen ins Futter. Frisch geschrotet muss der Leinsamen einige Stunden in Wasser aufquellen, bevor Sie ihn untermischen. Der Schleim, den er beim Einweichen bildet, legt sich über die Magen- und Darmwände und bildet einen natürlichen Schutz für die Schleimhäute. Auch Blähungen und Gärungsprozesse werden durch Leinsamen schnell wieder normalisiert.

Wasser ist beim Fasten wichtig

Sorgen Sie am Fastentag Ihres Hundes dafür, dass er ständig frisches Wasser zur Verfügung hat – so bleibt sein Kreislauf stabil. Die Wasseraufnahme in den leeren Magen spült zusätzlich die Harnwege durch.

Der wöchentliche Fastentag – richtig durchgeführt – ist fast schon eine Garantie für einen gesunden Hund!

🐕 **Wichtig** Obwohl Fasten auch in der kalten Jahreszeit gesund ist, sollte Ihr Vierbeiner im Winter nur einen halben Fastentag einlegen. Durch die Kälte benötigt der Hund mehr Energie, um sich warm zu halten. Im Freien gehaltene Hunde dürfen daher während dieser Zeit je nach Rasse ruhig ein paar Kilos mehr auf die Waage bringen.

Regelmäßige Pausen sind für arbeitende Hunde besonders wichtig.

Wertvolle Tipps für wertvolle Hunde

Wie Sie in unserer Checkliste für den Futtereinkauf schon nachlesen konnten, empfiehlt es sich, die vom Futterhandel speziell angebotenen Futtersorten für Senioren, Sporthunde, trächtige Hündinnen, Welpen und zu dicke Hunde zu nutzen. Doch nicht nur die Futtermittelhersteller, sondern auch wir können Ihnen spezielle Fütterungstipps für »ganz besondere Hunde« nennen.

Arbeitende und Sport treibende Hunde

57

Auch Hunde, die Frauchen beim Radfahren oder Herrchen beim Wandern begleiten, profitieren von den Tipps in diesem Kapitel.

Nach wie vor sind Diensthunde bei Polizei und Grenzschutz, Drogenspürhunde, Rettungs- und Lawinensuchhunde, Blindenführhunde oder Schafhütehunde durch nichts zu ersetzen. Sie werden meist jahrelang ausgebildet und haben dann oft den materiellen Gegenwert einer fünfstelligen Summe – ähnlich wie Privathunde, die im Hundesport erfolgreich geführt werden. Verständlich, dass die Halter und Besitzer solcher Hunde alles daran setzen, dass diese wertvollen Tiere so lange wie möglich gesund und einsatzbereit bleiben können.

Die richtige Futtersorte wählen

Einem Familienhund mit durchschnittlichem Bewegungspensum reicht ein Futter mit mittlerem Energiegehalt völlig aus. Halter von arbeitenden Hunden aber wissen, dass sie in Zeiten hoher Anforderungen eine energiereichere Nahrung bereitstellen müssen. Auch Sporthunde, die auf bevorstehende Leistungsprüfungen vorbereitet werden, müssen aufgrund eines intensiveren Trainingspensums entsprechend gefüttert werden. Dabei reicht es nicht aus, einfach vom gewohnten Futter die doppelte Ration zu geben.

Arbeitende oder Sporthunde brauchen ein höheres Maß an Energie, das heißt, die Inhaltsstoffe, die der Körper durch Verbrennen in Leistung umsetzen kann, müssen in ausreichender Menge vorhanden sein.

Manche Hunde brauchen mehr Energie

Für so genannte Sprinter wie Windhunde, die auf einer sehr kurzen Strecke eine sehr hohe Laufleistung erbringen müssen, ist der Bedarf an mehr Energie relativ gering. Bei Gebrauchshunden, die über mehrere Stunden konzentrierte Arbeit ausführen müssen, kann der Bedarf doppelt bis anderthalbfach so hoch sein. Jagd- und Hütehunde z. B. benötigen im Einsatz die doppelte Energiezufuhr, und bei Schlittenhunden kann sie sogar das Dreifache des normalen durchschnittlichen Bedarfs betragen. Am besten geben Sie Ihrem Hund in solchen Fällen ein Futter mit erhöhtem Fettgehalt, da Fette grundsätzlich besser verdaut werden als Kohlenhydrate.

58

Bei einem Hund, der in der Arbeit steht, sollte der wöchentliche Fastentag ausfallen.

> 🐕 **Extratipp** Gute Markenanbieter führen Futter mit erhöhtem Fettgehalt meist unter Namen wie »Energy« oder »Premium«. Ihr Proteingehalt beträgt etwa 32 Prozent gegenüber 23 bis 26 Prozent im normalen Futter.

Stressbelastung bei Arbeitshunden

Gute und konstante Leistungen hängen auch von der Nervenstärke und Belastbarkeit eines Tieres ab. Blindenführhunde, Hunde, die als Partner für Rollstuhlfahrer ausgebildet wurden, Wach- und Polizeihunde sowie Schutzhunde bei intensivem sportlichen Training stehen neben der körperlichen Belastung auch unter psychischem Stress. Wechselnde Einsatzorte, ständige Konzentration auch in großen Menschenmengen und unbekannte Situationen stellen ein besonders hohes Maß an psychischer Belastung dar. Viele Hunde verlieren dabei den Appetit, andere werden so nervös, dass sie entweder mit Meideverhalten oder mit Aggressivität reagieren.

Leistungssteigerung durch Hefe

59

Beginnen Sie mit der Zufütterung der genannten Lebensmittel schon einige Wochen vor einem Wettkampf, bzw. füttern Sie diese regelmäßig zu.

So manches Versagen eines Hundes, der bis zu diesem Zeitpunkt zuverlässig und freudig gearbeitet hat, hängt mit einem Mangel an den Vitaminen der B-Gruppe, besonders von Vitamin B_5, zusammen. Ein kirschkerngroßes Stück Bäckerhefe in jeder Tagesration Futter gleicht ein bestehendes Defizit an diesem Vitamin auf natürliche Weise aus. Dieselbe Wirkung besitzt ein Esslöffel Bierhefeflocken im täglichen Futter. Die Flocken haben gegenüber der frischen Hefe sogar den Vorteil, dass sie im Magen nicht mehr gären.

Achtung Hunde, die aufgrund ihrer Veranlagung ein schwaches Nervenkostüm haben, werden durch Hefe nicht nervenstärker! Sie verhindert erworbene Störungen im Nervensystem, nicht aber durch Zucht fixierte!

Traubenzucker mobilisiert die Kraftreserven

Erfahrene Hundesportler gaben uns den Tipp, unseren Hunden während einer Leistungsprüfung an einem besonders heißen Tag unbedingt statt normalem Wasser zwischendurch etwas Traubenzuckerlösung zu trinken zu geben. Traubenzucker geht sofort ins Blut, mobilisiert Kraftreserven des Körpers und steigert schnell die Konzentrationsfähigkeit Ihres Vierbeiners.

Stellen Sie die Powerlösung aus Honigwasser und Apfelessig nicht in die pralle Sonne – Honig verliert bei 40° C seine gesunden Wirkstoffe.

Power aus Honigwasser

Diese kurzfristige Leistungssteigerung funktioniert mit Honigwasser sogar noch besser. Lösen Sie einen Teelöffel Honig in einer Tasse Wasser auf, fügen Sie noch einen Spritzer Apfelessig hinzu – schon haben Sie den gesündesten und natürlichsten Energy-Drink für Ihren Hund! Diese Mischung wird auch an warmen Tagen nicht schlecht, Sie können sie morgens vorbereiten und Ihrem Hund während eines Arbeitstages immer wieder davon zu trinken geben.

»Wellness« auch für den ruhigen Hund

Traubenzucker- bzw. Honigwasser sind keine Wundermittel für jene Hunde, die von Natur aus eher ruhig und daher vom Arbeiten oder Sporttreiben nicht sonderlich begeistert sind. Die Lösung fördert jedoch allgemein die »Wellness« der Tiere.

Nährstoffreiche Nüsse

Haselnüsse sind sehr nährstoffreich. Sie enthalten bis zu 50 Prozent der wichtigen ungesättigten Fettsäuren, Mineralien, Eiweiß sowie viel Vitamin A und E. Diensthunden oder Sporthunden vor einem anstrengenden Einsatz bzw. Wettkampf verhelfen ein bis zwei klein gehackte Haselnüsse zu einer Extraportion Energie. Ähnlich wertvoll und reich an Inhaltsstoffen sind auch Walnüsse und Erdnüsse, wobei die Erdnüsse nicht geröstet und gesalzen sein dürfen.

> **Achtung** Füttern Sie Ihrem Hund nicht zu viele Nüsse, vor allem dann nicht, wenn er nur einen normalen Energiebedarf hat! Durch ihren hohen Nährwert entsteht sonst schnell Fettleibigkeit.

Kraft durch Datteln

Vielleicht wundern Sie sich darüber, dass dieses Trockenobst aus Nordafrika ein wirksames Nahrungsmittel für hiesige arbeitende und Sport treibende Hunde sein soll. Datteln haben eine hohen Gehalt an Kalzium und Phosphor und eignen sich ganz besonders für Hunde mit einer Mineral-Unterernährung, wie sie nach langer Krankheit oder großen Anstrengungen entstehen kann. Weiterhin enthalten Datteln die Vitamine A, B_1, B_2 und C, Nikotinsäure, Natrium, Kalium, Eisen, Kupfer und Schwefel. Sie wirken regulierend auf die Leber, gegen Blutarmut, bei Nervenentzündungen, Schilddrüsenerkrankungen sowie bei Problemen mit Magen und Darm.

60

Backen Sie Hundekekse mit gehackten Nüssen, Honig, Haferflocken und Eiern. Preiswerter kann Hundegesundheit nicht sein!

61

Auch andere Trockenfrüchte sind sehr nährstoffreich. Wer möchte, der kann seinem Hund ab und zu auch ein Löffelchen Studentenfutter geben.

Trächtige und säugende Hündinnen

In den letzten Wochen vor dem Werfen werden trächtige Hündinnen nicht nur langsamer, anhänglicher und verschmuster, auch ihr Futterbedarf ändert sich. Ungefähr von der sechsten Woche ihrer Trächtigkeit an sollten Sie der werdenden Hundemutter etwa ein Drittel ihrer normalen Futtermenge mehr geben.

Tipps zur besseren Verdauung

Spätestens jetzt ist es wichtig, die Nahrung auf zwei bis drei Portionen am Tag aufzuteilen, da die nun rasch wachsenden Welpen einen Großteil ihres Bauchraumes ausfüllen. Zu große Futterportionen belasten die Hündin zusätzlich, und die Neigung zu Verstopfung nimmt zu. Rühren Sie ihr Futter immer handwarm an und lassen Sie es einige Zeit quellen, bevor Sie es verfüttern. So wird die Nahrung besser verdaulich, was Problemen im Magen-Darm-Bereich vorbeugt. Viele Hündinnen zeigen von selbst an, wann es Zeit wird, ihre Futterration aufzuteilen: Sie lassen plötzlich Futterreste übrig.

62

Bleiben Sie während der Zeit der Trächtigkeit ständig in Kontakt mit Ihrem Tierarzt. So gewährleisten Sie eine positive Entwicklung der Hundebabys.

Stellen Sie die Nahrung einer Hundemutter besonders sorgfältig zusammen, damit ihre Milch ausreichend Nährstoffe für die Welpen enthält.

Achtung Der Bedarf an Kalzium und Phosphor ist sowohl bei der trächtigen als auch bei der säugenden Hündin gesteigert. In der zweiten Hälfte der Trächtigkeit benötigt die trächtige Hündin die anderthalbfache Menge des normalen Quantums und während der Säugezeit drei- bis viermal so viel!

Apfelessig – hilfreich für die trächtige Hündin

Was schon für einen gesunden Familienhund zum täglichen Futter gehören sollte, ist für jede trächtige Hündin unentbehrlich: Der tägliche Schuss Apfelessig in der Nahrung. Abgesehen von den zusätzlichen Vitaminen und Mineralstoffen verhindert er Harnstoffablagerungen in den Gelenken. Bedenken Sie, dass der Organismus einer trächtigen Hündin auch die »Abfallprodukte« aller ihrer Welpen entsorgen muss. Weiterhin beugt Apfelessig bakteriellen Infektionen vor und steigert die Abwehrkräfte und somit das allgemeine Wohlbefinden der Hündin. Er soll sogar vorbeugend gegen die gefürchtete Eklampsie (Geburtstetanie) wirken – dies sind Krämpfe, die eine Mutterhündin Tage oder sogar Wochen nach der Geburt aufgrund von Kalziummangel befallen können.

Milchprodukte mit milchbildender Wirkung

Als Lieferant von hochwertigem, leicht verdaulichem und natürlichem Kalzium sind Milchprodukte unentbehrlich, ganz besonders natürlich für eine werdende Mutterhündin, die für den gesunden Knochenbau ihrer Welpen genügend dieses Mineralstoffes bereitstellen muss. Speziell für Hündinnen ist jedoch auch die milchbildende Wirkung wichtig. Deshalb sollten Sie Ihrer Hündin während der Trächtigkeit täglich bis zu einem Esslöffel Quark geben, und nicht erst, wenn sich hungrige kleine Welpen an den Zitzen um Muttermilch raufen. Spätestens dann muss der Hundekörper auf vorhandene Reserven zurückgreifen können, was den Welpen zugute kommt.

63

Gewöhnen Sie Ihre Hündin schon vor Beginn der Trächtigkeit an die Futterzusätze, dann wird sie in der entscheidenden Zeit das Fressen nicht verweigern.

Leinsamen

Wie wir bereits oben erwähnt haben, können im letzten Drittel der Trächtigkeit manche Hündinnen von Verstopfung geplagt werden. Bevor Sie zu chemischen Abführmitteln greifen, die unter Umständen Nebenwirkungen auf die Hündin und auch auf die ungeborenen Welpen haben, versuchen Sie es mit Leinsamen, der ohne Bedenken in den letzten Wochen vorbeugend gegeben werden kann. Jeden Abend sollten Sie einen Esslöffel Leinsamen in der Getreidemühle schroten und über Nacht in Wasser einweichen lassen. Am nächsten Tag wird der Brei ins Futter eingerührt und kann seine heilende und vorbeugende Wirkung im Verdauungstrakt der Hündin entfalten.

> **Wichtig** Leinsamen sorgt dafür, dass das Futter den Verdauungstrakt leicht passieren kann. Er ist ein großer Vitaminträger und soll laut Forschungsergebnissen sogar das Wachstum von Krebszellen hemmen.

Himbeertee

Dieser wunderbare Tee ist ein altes, fast vergessenes Hausmittel für trächtige Hündinnen. Er wirkt blutreinigend, enthält Gerbstoffe, Milchsäure, Bernsteinsäure und ungesättigte Säuren. Dank seiner Inhaltsstoffe verhütet er Fehlgeburten und bereitet die Geburtswege auf die bevorstehende Niederkunft vor, indem er diese kräftigt und reinigt.

64

Auch gemäßigte Bewegung ist für eine trächtige Hündin so wichtig wie das richtige Futter. So schleppt sie nach dem Werfen kein Übergewicht mit sich herum.

Zubereitung des Tees

Kaufen Sie getrocknete Himbeerblätter in der Apotheke, im Bioladen oder im Kräuterhaus. Der Tee wird kalt angesetzt: Zwei Esslöffel Blätter mit einem Viertelliter kaltem Wasser übergießen, danach etwa sechs bis zwölf Stunden lang zugedeckt stehen lassen, anschließend eine Viertelstunde lang aufkochen, absieben und über den Tag verteilt der Hündin reichen.

Wenn die Welpen da sind

Die oben genannten natürlichen Zusätze zum Futter können Sie auch der säugenden Hündin geben, denn oft wird die erste Zeit nach der Geburt der Welpen »Trächtigkeit außerhalb des Mutterleibes« genannt. Die Ernährung der Welpen durch die Hundemutter ist sowohl der körperlichen als auch der psychischen Entwicklung förderlich. Im Folgenden nennen wir Ihnen weitere Futterzusätze, die speziell für säugende Hundemütter von Vorteil sind.

Honigmilch

Ein wertvoller Tipp, den uns unsere Tierärztin für unsere Hündin gab, war, ihr täglich eine Schale warme Milch mit einem Teelöffel Honig anzubieten. Sollte Ihre Hündin allerdings Milch nicht vertragen, mischen Sie den Honig stattdessen ins Futter. Honigmilch wirkt sich günstig auf die Milchbildung der Hündin aus, die ihren Welpen alle gesunden Wirkstoffe weitergibt.

65
Sie können auch Honig mit etwas Quark oder Joghurt vermischen und der Hündin geben.

Eigelb und Eiweiß

Für Hündinnen, die Welpen haben, ist das Ei ein sehr guter Lieferant von leicht verdaulichem tierischen Protein in natürlicher Form.

> **Achtung** Sie sollten die Eier immer abkochen, denn die Gefahr, dass die säugende Hündin mit einem rohen Eigelb auch Salmonellen aufnimmt, ist zu groß. Eine Infektion wäre für die Hündin sehr gefährlich und für die Welpen unter Umständen sogar tödlich.

66
Statt Eiern kann in dieser Zeit auch Quark beigefüttert werden, denn auch dieser liefert hoch verdauliches Eiweiß.

Teemischung zur Milchbildung

Dieser Tee leistet Hündinnen während der Säugezeit gute Dienste: Fenchel, Kümmel, Anis und eventuell Koriander werden zu gleichen

Teilen gemischt, sie regen die Milchproduktion auf natürliche Weise an. Die beruhigenden Wirkstoffe beugen sowohl bei der Hündin als auch bei den Welpen Blähungen und Bauchschmerzen vor.

> 🐕 **Achtung** Ungefähr in der vierten Lebenswoche beginnen die Welpen, selbst Nahrung zu sich zu nehmen. Geben Sie den Tee von da an nicht mehr, damit sich die Milchproduktion dem Bedarf der Welpen anpasst und die Hündin nicht unter Milchstau leidet.

Aprikosen

Am besten lassen Sie sich den Milchbildungstee für Ihre Hündin in der Apotheke, im Reformhaus oder im Bioladen mischen.

Getrocknete ungeschwefelte Aprikosen enthalten neben vielen guten Inhaltsstoffen und Vitamin C einen hohen Anteil an Vitamin A und eignen sich hervorragend für alle trächtigen und vor allem säugenden Hündinnen. Weiterhin senken sie die Gefahr von Blutarmut und Schilddrüsenkrankheiten und verhindern Störungen im Bereich der Haut und der Schleimhäute.

Algen

Algen oder Seetang sind speziell für säugende Hündinnen wichtige Spender von lebenswichtigen Mineralstoffen, Spurenelementen, Vitaminen und Jod 27. Durch Seetang wird die Gefahr der gefürchteten Eklampsie nach der Geburt der Welpen verringert.

67

Beugen Sie durch die Gabe von Aprikosen einem Mangel an Vitamin A vor.

Seetang steigert die Fruchtbarkeit

Allen Hündinnen, die in der Zucht ihren Einsatz finden sollen, sollte unbedingt bereits vor dem Decken dieser gesunde Zusatz gegönnt werden. Er steigert nämlich die Fruchtbarkeit, fördert die Gesundheit der Hündin während der Trächtigkeit und trägt auch in der Zeit der Welpenaufzucht zum Wohlbefinden der Hundemutter bei. Natürlich profitieren über die Milch auch die Welpen davon.

Welpen und Junghunde

Von dem Moment an, in dem die Welpen beginnen, selbst Nahrung zu sich zu nehmen, und die Milchmahlzeiten bei der Mutter weniger werden, sind sie auf das richtige Futter angewiesen.

So ernährten die Caniden ihre Welpen

Die wild lebenden Vorfahren unserer Hunde versorgten ihre selbstständig werdenden Jungen optimal: Sie würgten ihnen vorverdaute Teile eines Beutetieres vor, das die Welpen dann auffraßen. Instinktsichere Hündinnen zeigen dieses Verhalten mitunter heute noch. Wir erwischten unsere Hündin zweimal dabei, wie sie nach Bettelgebärden und Mundwinkelstupsen ihrer Welpen ihr eigenes Futter hochwürgte und erbrach. Mit einer Gier, die wir hinsichtlich des Welpenfutters nie beobachtet hatten, stürzten sich die Jungen auf diesen Brei und verputzten ihn in Sekundenschnelle.

Spezielles Welpenfutter

Dennoch ist das Futter, das ein erwachsener Hund erhält, nicht geeignet, um einen Welpen optimal zu ernähren. Welpen haben nämlich durch ihr rasantes Wachstum einen doppelt so hohen Bedarf an Vitaminen, Mineralstoffen und Spurenelementen wie ein ausgewachsenes Tier. Sie müssen deshalb mit einem qualitativ hochwertigen, extra ausgewiesenen Welpenfutter ernährt werden. Dieses können Sie den jungen Hunden – in der Menge abhängig von Rasse und Größe – ohne Bedenken bis zum Ende des ersten Lebensjahres geben.

68

Lassen Sie sich vom Züchter eine kleine Portion Welpenfutter mitgeben. Damit erleichtern Sie Ihren Welpen zumindest beim Futter die Gewöhnung an sein neues Heim.

> **Wichtig** Manche Markenanbieter führen für Junghunde ab dem fünften Lebensmonat, wenn das rasante Wachstum in kleinere Schübe übergeht, ein spezielles Futter, das einen leicht reduzierten Gehalt an Protein aufweist. Erkundigen Sie sich im Fachhandel danach.

Gerade in der ersten Zeit verlangen Welpen von allen Seiten viel Aufmerksamkeit.

69

Vor allem große Hunderassen, die in einem Jahr bis zu 50 Kilogramm Gewicht zulegen, sollten im Wachstum eher mit leichter Kost gefüttert werden. Zu viel Gewicht belastet sonst den Knochenapparat.

Welpen benötigen mehrmals am Tag Futter

Wenn Sie einen Welpen im Alter von acht Wochen nach Hause holen, sollten Sie ihn noch mehrmals am Tag füttern. Der Magen eines kleinen Vierbeiners kann das Volumen, das er täglich benötigt, nicht auf einmal fassen. Da er noch viel wachsen muss, benötigt er eine entsprechende Menge an Futter bzw. an dessen Inhaltsstoffen. Ein gut ernährter Welpe ist rund und wollig, aber nicht fett und schwammig und schon gar nicht mager. Die genaue Anzahl der Fütterungen ist individuell verschieden, Sie sollten Ihren Welpen jedoch mindestens drei- bis fünfmal am Tag füttern.

Die Anzahl der Mahlzeiten dem Alter anpassen

Sowie der kleine Hund aus dem Welpenalter heraus ist, können Sie von drei auf zwei Mahlzeiten umstellen. Ein Anhaltspunkt dafür ist, wenn der kleine Hund plötzlich eine seiner drei Mahlzeiten nicht mehr fressen will, die beiden anderen aber mit Genuss verschlingt. Spätestens aber, wenn der Junghund eine Speckschicht auf den Rippen hat, sollten Sie eine seiner Mahlzeiten streichen. In der zweiten Hälfte des ersten Lebensjahres ist das Wachstum nicht mehr so ausgeprägt wie in den ersten Monaten. Dennoch ist es wichtig, stets auf eine gute Entwicklung des jungen Hundes zu achten. Je gesünder und natürlicher er aufwächst, desto seltener wird er als erwachsener Hund krank. Und sollte dies doch einmal der Fall sein, wird seine gesunde Grundkonstitution für eine schnelle Genesung sorgen.

Möhrenbrei für junge Hunde

Bereits ganz kleine Welpen, die gerade vom Saugwelpen zum »Krabbelalter« übergehen und langsam von der Mutter entwöhnt werden, dürfen bedenkenlos Möhren bzw. Möhrenbrei als Zusatz im Futter erhalten. Die positiven Wirkstoffe, die Sie bereits auf Seite 30 kennen gelernt haben, kommen seiner Entwicklung zugute.

Ein Anhaltspunkt für das Ende des Welpenalters ist der Zahnwechsel, der bei den meisten Hunden mit etwa sechs Monaten abgeschlossen ist.

> **Extratipp** Sehr bewährt hat sich das Möhrenmus im Gläschen, das als Babynahrung angeboten wird, da dort bereits ein wenig Fett enthalten und somit die Aufnahme der fettlöslichen Vitamine gewährleistet ist. Geben Sie täglich einen Teelöffel Möhrenmus ins Welpenfutter.

Ein natürliches Mittel gegen Durchfall

Vor allem Welpen leiden öfter unter Durchfällen, die nicht immer gleich auf eine Krankheit deuten. Da sie ihre Umgebung erst einmal kennen lernen müssen, wird alles, was interessant erscheint, ins Maul genommen und auch schon einmal verschluckt. Manchmal befinden sich auch unverdauliche Dinge wie Laub, Abfälle oder sonstiger Unrat darunter. Rührt also der Durchfall von dieser Entdeckungslust her, hilft der Möhrenbrei schnell, den Darm wieder zu besänftigen.

Dies ist bei Welpen besonders wichtig, da zu lang anhaltende Durchfälle einen so kleinen Körper sehr schnell austrocknen lassen und derart schwächen können, dass tierärztliche Hilfe notwendig wird.

70

Kopieren Sie unser Anti-Durchfall-Rezept auf der Innenseite des Buchrückens und hängen sie es gut sichtbar in der Küche auf, damit Sie es im Notfall griffbereit haben.

Milchprodukte

Dieser gesunde Zusatz wird erst für den Junghund richtig interessant. Vor allem Tiere aus Rassen mit ausgeprägter Brustbildung sollten auf Quark und Co. nicht verzichten müssen – schon allein wegen dessen vorbeugender Wirkung gegen die lebensgefährliche Magendrehung. Bei Welpen – auch der gefährdeten Rassen – ist jedoch der Brustraum so eng, dass eine Magendrehung im Grunde nicht vorkommt.

Weitere Zusätze

Mit steigendem Lebensalter können Sie – je nach Bedarf und Lebenssituation Ihres Hundes – immer mal wieder eine weitere Zutat zum Futter geben. Wichtig ist, dass die Menge eines Zusatzes nicht zu groß ausfällt, sondern der Rasse und der Größe des wachsenden Tieres angepasst wird. Vor allem diejenigen Zusätze, die ein gesundes, harmonisches Wachstum fördern – wie z. B. Algen, deren Vorzüge wir auf Seite 66 beschrieben haben – gehören unter allen Umständen in das Futter eines heranwachsenden Hundes.

71

Erfahrene Hundehalter und Züchter wissen: »Was im ersten Jahr versäumt wird, holt der Hund ein Leben lang nicht mehr auf!«

Denken Sie daran, Ihren Junghund regelmäßig mit Milchprodukten zu versorgen.

Hundesenioren

Senioren benötigen ungefähr ab dem siebten Lebensjahr rund 20 Prozent weniger Energie als ein junger Artgenosse – je nach Rasse etwas früher oder später. Braucht ein junger Hund noch etwa 500 Kilojoule pro Kilogramm Körpergewicht, so sind es im Alter nur noch ca. 200 bis 300 Kilojoule. Auch das benötigte Kalzium-Phosphor-Verhältnis verschiebt sich.

Alte Hunde brauchen hochwertiges Futter

Bei Hundesenioren lassen sowohl der Bewegungsdrang als auch die Funktionen der inneren Organe wie z.B. des Darmes nach. Deshalb benötigen sie ein hochwertiges Futter, das leicht verdaulich ist, nicht fett macht, und von dem sie trotzdem satt werden.

Knoblauch

Wenn Sie Ihrem Hundesenior täglich Knoblauch geben, wird sein Körper regelrecht durchgeputzt. Die Wirkstoffe der Knolle helfen ihm, giftige Stoffe abzubauen, und steigern die »Wellness« des Tieres.

72

Geben Sie alten Hunden keine Knochen, diese führen sonst zu quälender Verstopfung.

> **Achtung** Hohe Dosen Knoblauch verursachen eine Unterfunktion der Schilddrüse, niedrige dagegen eine Überfunktion. Um dies zu vermeiden, sollten Sie Ihrem Hund gleichzeitig mit dem Knoblauch Algen zufüttern, die die Schilddrüsenfunktion ins Gleichgewicht bringen.

Milchprodukte

In dem Maß, wie der Energiebedarf des älteren Hundes sinkt, steigt sein Bedarf an Eiweiß, Kalzium und sämtlichen Vitaminen. Auch diese müssen ihm in leicht verdaulicher Form gegeben werden. Wieder sind Quark, Naturjoghurt und Hüttenkäse die idealen Ergänzungen zu seinem täglichen Futter. Sie dürfen die Menge bei einem älteren Hund ruhig etwas erhöhen, doch sollte sie auf jeden Fall seiner Größe und seiner Rasse angepasst sein.

Apfelessig

Mit Apfelessig bleibt Ihr Hundesenior bis ins hohe Alter beweglich und wird seinen täglichen Auslauf genießen.

Was für den jungen Hund und für trächtige Hündinnen hauptsächlich aus anderen Gründen gut ist, bedeutet für alte Hunde eine wirksame Vorbeugung gegen Gelenkprobleme. Diese treten auf, wenn sich Harnstoffsäure in den Gelenken ablagert. Dadurch entsteht ein Verschleiß, der unter den Bezeichnungen »Arthrose« oder »Arthritis« bekannt ist. Auch Rheuma oder Gicht lässt auf zu starke Belastung mit Harnstoffsäure schließen. Ein Schuss Apfelessig im täglichen Futter verhindert solche gesundheitsbeeinträchtigenden Ablagerungen.

Brennnessel

73

Gerade Heilkräuter – beispielsweise als Tee zubereitet – verhelfen dem alten Hund zu mehr Vitalität und Wohlbefinden.

Auch dem alten Hund ist dieses Kraut sehr nützlich. Durch seine harntreibende Wirkung werden Harnstoffe (die sich als Harnstoffsäure in den Gelenken ablagern können) schneller ausgeschwemmt, bevor sie sich im Körper ansammeln können. Dadurch sinkt das Risiko, dass der Hund im Alter Gelenkprobleme bekommt. Auch auf die Bauchspeicheldrüse wirkt sich Brennnesselsaft sehr positiv aus.

> **Extratipp** Tun Sie etwas für den erhöhten Vitamin- und Mineralbedarf des Hundeseniors! Sammeln Sie im Frühling frische Brennnesseln und Löwenzahnblätter und mischen Sie sie klein gehackt unter das Futter.

Aprikosen

Alte Hunde brauchen ganz besonders viel Vitamin A. Um diesen Bedarf ausreichend zu decken, können Sie immer wieder einmal einige getrocknete Aprikosen klein schneiden, sie mit etwas Wasser über

Nacht einweichen und Ihrem Hund mitsamt dem Einweichwasser ins Futter geben. Vitamin A ist übrigens auch in hohem Maße in Rinderleber enthalten, auf die wir auf Seite 75 noch eingehen werden.

Leinsamen und Weizenkleie

Über die Wirkung und das Vorbereiten von Leinsamen haben Sie bereits einiges erfahren. Der Leinsamen sorgt für eine reibungslose Passage des Futters durch Magen und Darm. Zusätzlich hat der schleimige Brei durch die darin enthaltenen Gerbstoffe eine außerordentlich heilende und schützende Wirkung auf die Schleimhäute. Für den alten Hund, der sich nicht mehr so viel bewegt und dessen Körperfunktionen nachgelassen haben, ist das Fressen von Leinsamenbrei eine Möglichkeit, auf natürliche Weise und ohne Nebenwirkungen den Darm weiterhin problemlos leeren zu können. Eine ähnliche Wirkung wie Leinsamen hat Weizenkleie. Auch sie sorgt für die nötigen Ballaststoffe und erleichtert dem alten Hund das Entleeren des Darms. Von beiden Zusätzen genügt im Normalfall ein Esslöffel (bei kleinen Hunden ein Teelöffel) voll im Futter.

Johanniskraut

Viele Hunde neigen im Alter zu Nervosität, die nicht durch eine Krankheit bedingt ist. Oft können sie auch nachts nicht mehr richtig schlafen. Probieren Sie in solchen Fällen einmal die Behandlung mit Johanniskraut aus. Es ist – übrigens auch für Menschen – sowohl bei Nerven- als auch bei Kreislaufstörungen indiziert, und seine leicht beruhigende Wirkung verhilft Ihrem Hundesenior schon bald wieder zu Ruhe und Wohlbefinden.

74
Johanniskraut gibt es auch als Tee, in dem Sie das Futter Ihres älteren Hundes einweichen können.

> 🐕 **Achtung** Geben Sie Ihrem Hund Johanniskraut nur als Fertigpräparat aus der Apotheke oder dem Kräuterhaus, da er nach dem Fressen von selbst gesammeltem Kraut möglicherweise unter Nebenwirkungen zu leiden hat.

Achten Sie auf die Herkunft des Fleisches, das Sie Ihrem Hund zu fressen geben.

Weitere Fragen zur Hundeernährung

Inzwischen haben Sie viel Wissenswertes über die gesunde Ernährung Ihres Hundes erfahren. Dass dieses Thema für Hundehalter sehr wichtig ist, erfahren wir bei unserer Arbeit im Hundesportverein ebenso wie in unserem Bekanntenkreis. Dabei kehren manche Fragen immer wieder. Um deren Beantwortung soll es im Folgenden gehen.

Braucht mein Hund auch frisches Fleisch?

Wie Sie schon auf Seite 17 erfahren haben, sind Hunde keine reinen Fleischfresser, sondern sie brauchen durchaus auch eine gewisse Menge an aufgeschlossenem Getreide und Gemüse. Auch in Bezug auf Obst sind sie keine Kostverächter. Dennoch gibt es einige Hundebesitzer, die trotz guten Fertigfutters auf eine regelmäßige Fleischfütterung ihrer Hunde schwören. Sie geben ihnen ein- oder sogar zweimal in der Woche nur Muskelfleisch. Wir meinen, dass jeder Hundebesitzer mit dem Füttern von rohem Fleisch sehr vorsichtig sein sollte. Durch den hohen Phosphorgehalt von Muskelfleisch und dem fehlenden Ausgleich mit Kalzium kann dem Vierbeiner schnell mehr Schaden als Gutes zugefügt werden.

Wichtig ist die ausgewogene Ernährung

Natürlich entstehen durch eine kleine Hand voll Fleisch bei der einen oder anderen Gelegenheit keine Mangelerscheinungen, solange der Hund ansonsten richtig und ausgewogen ernährt wird. Bei solch extremen Fütterungsgewohnheiten wie oben erwähnt, sieht die Sache allerdings schon kritischer aus.

75

Gewürztes Fleisch, beispielsweise vom Grillteller, ist für Hunde grundsätzlich tabu.

Junge Hunde sind durch eine ausgewogene Ernährung mit hochwertigem Welpenfutter bestens versorgt.

Fleisch ist nicht gleich Fleisch

Vom Rind können Sie Ihrem Hund fast alles verfüttern – angefangen vom reinen Muskelfleisch über den Magen und die Innereien bis hin zu den Hufen. Sie merken, genau die gleiche Nahrung nahm und nimmt im Prinzip der Wolf auf. Leider ist es aber nicht ganz einfach, an alle Teile eines Rindes heranzukommen. Oft werden Eingeweide, Hufe oder die für Menschen teilweise ungenießbaren Innereien nach dem Schlachten weggeworfen, und Ihnen bleibt nichts anderes übrig, als Muskelfleisch zu kaufen.

Rindfleisch vom Schlachthof

Sollten Sie einen Bekannten in einer Metzgerei oder in einem Schlachthof haben, versuchen Sie, über ihn an möglichst unterschiedliche Fleischsorten zu kommen und diese zu mischen. Hierzu gehören neben dem Muskelfleisch auch Pansen und Blättermagen (am besten ungeputzt, er ist ein hoher Vitaminträger) und eventuell weitere Innereien wie Leber und Herz.

76

Auch wenn der ungeputzte Pansen sehr unangenehm riecht, sollten Sie ihn nicht geputzt füttern. Durch das Säubern verliert er an Vitaminen.

Weitere Fleischsorten zum Verfüttern

Hunde vertragen auch sehr gut Lamm- bzw. Schaffleisch. Über einen Schäfer können Sie z. B. ein frisch geschlachtetes Lamm einkaufen und einfrieren. Lammfleisch ist auch für Hunde mit empfindlichem Magen-Darm-Trakt geeignet. Dasselbe gilt für Geflügelfleisch, das für Hunde zu den leicht verdaulichen Fleischsorten gehört. An dieses Fleisch kommen Sie auch relativ leicht und preiswert heran. Weniger einfach und relativ teuer ist dies bei Pferdefleisch, das von Hunden ebenfalls sehr gern genommen wird. Vor allem die Allergiker unter den Vierbeinern vertragen es sehr gut.

77

Bei Hühnerfleisch immer sorgsam alle Knochen entfernen, denn sie können splittern und innere Verletzungen verursachen.

Füttern Sie möglichst kein rohes Fleisch

Früher wurden Hunde sehr oft mit rohem Fleisch ernährt. In unserer heutigen Zeit hat sich jedoch gezeigt, dass es nicht ratsam ist, Rohes zu verfüttern. Die Seuchengefahr ist zu groß, angefangen beim Erreger der Aujetzky'schen Krankheit (auch bekannt als Schweinepest) bis hin zu BSE. Bis heute gibt es keine Heilung für Hunde, die unter der Aujetzky'schen Krankheit leiden. Sie verenden unter qualvollem Juckreiz, wenn der Tierarzt nicht vorher ihren Leiden ein Ende setzt.

> **Wichtig** Füttern Sie Ihrem Hund keinesfalls Schweinefleisch, weder roh noch gekocht! In Schweinefleisch ist der für Menschen relativ ungefährliche Erreger der Schweinepest enthalten, der beim Braten seine Wirkung verliert. Ein winziges Stück rohes infiziertes Schweinefleisch aber reicht aus, um ihren Hund ernsthaft erkranken zu lassen.

78

Auch Bratwurst, Leberkäse & Co. sollten Sie trotz bettelnder Hundeaugen nicht verfüttern. Wurst ist zu salzig für empfindliche Hundemägen.

Innereien

Obwohl Innereien eigentlich zum Fleisch zu zählen sind, möchten wir dazu einen kleinen Extraabschnitt anfügen. Viele Innereien wie z. B. die Leber sind sehr vitaminreich, in diesem Fall besonders an den

Vitaminen A und D, die wichtig für gesundes Knochen- und Zahnwachstum sind. Außerdem beinhaltet sie Nikotinsäure und Cholin, welche wiederum unentbehrlich für das Funktionieren des Stoffwechsels sind. Alle Innereien sind zudem reich an den Vitaminen der B-Gruppe. Sie haben eine große Bedeutung für den Kohlenhydratstoffwechsel und den Energiestoffwechsel sowie für gesunde Nerven.

Schadstoffbelastungen

Da die Leber im Körper des Pflanzenfressers dem Reinigen des zirkulierenden Blutes dient, ist sie heutzutage stark belastet durch Schadstoffe wie Pestizide und Schwermetalle sowie durch Rückstände von Medikamenten wie z. B. Antibiotika, die der Hund beim Fressen dann wieder aufnimmt. Solche Rückstände sind vom Körper nur sehr schlecht bzw. gar nicht mehr abbaubar. Dasselbe gilt übrigens auch für das Filterorgan Niere. Tierärzte empfehlen deshalb, nicht öfter als ein- bis zweimal im Monat Innereien an den Hund zu verfüttern, da sonst die Belastung durch Schadstoffe zu groß wird und der Hund unter Umständen schwer erkranken kann.

Auch Innereien sollten grundsätzlich vor dem Füttern abgekocht werden. Roh gefütterte Leber zum Beispiel führt bei einigen Hunden zu starkem Durchfall.

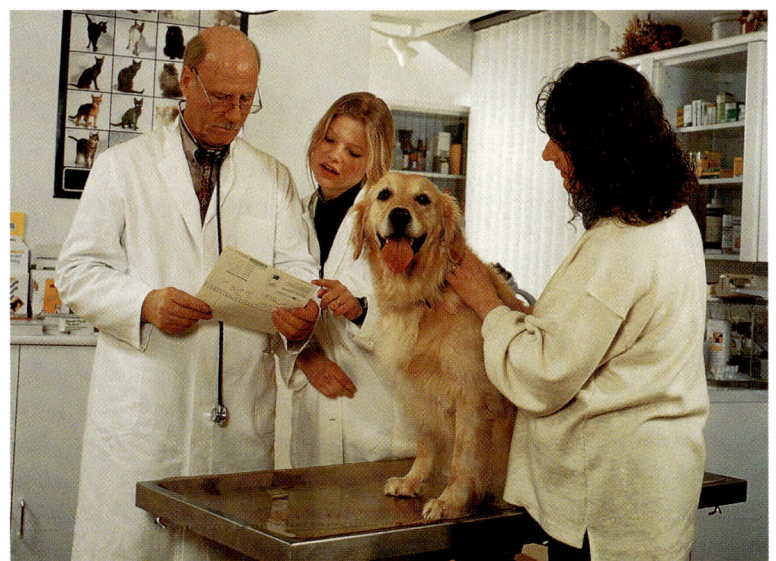

Suchen Sie sich rechtzeitig einen guten Tierarzt, zu dem Sie auch in Notfällen gehen können.

77

Fleischportionen

Bevor Sie zur Verfütterung von Fleisch übergehen, sollten Sie sich kundig machen, wie viel Ihr Hund entsprechend seiner Rasse und seiner Größe sowie seines Alters benötigt. Meist finden Sie Angaben dazu auf der Packung des Hundefutters, das mit Fleisch gemischt werden muss. Ansonsten können Sie auch Ihren Tierarzt nach entsprechenden Tabellen fragen oder sich weiterführende Literatur besorgen, die wir im Anhang empfehlen.

79

Untersuchen Sie das Fischfleisch, das Ihr Hund erhalten soll, unbedingt auf Gräten!

Fisch

Fischfleisch gehört zu den leicht verdaulichen Fleischsorten und ist besonders für ältere Hunde gut verträglich. In Fisch ist hochwertiges Eiweiß sowie Phosphor enthalten, zudem enthält er im Normalfall wenig Fett und ist auch im Rahmen einer Diät empfehlenswert. Bekannte von uns, die in England direkt über den Steilwänden der Südwestküste wohnen und passionierte Angler sind, geben ihrem Hund jeden Tag einen Teil des gefangenen Fisches in den Futternapf. Sie schwören auf die positive Wirkung dieser regelmäßigen Fischnahrung. Dass sie ihrem Hund sehr gut bekommt, sieht man ihm schon von weitem an: Sein Fell ist dicht und glänzend, und er macht einen überaus gesunden Eindruck.

80

Falls sich eine Gräte im Hals Ihres Hundes quer gelegt hat, schieben Sie ihm ein Stück Butter oder Margarine ganz hinten ins Maul. In den meisten Fällen lässt das Fett die Gräte weitergleiten.

Fischfleisch dünsten

Unsere Bekannten füttern das Fischfleisch roh. Hierbei ist allerdings Vorsicht geboten, denn seit einigen Jahren ist bekannt, dass Fische Fadenwürmer im Fleisch beherbergen können, die sogar mit bloßem Auge sichtbar sind. Werden sie mit dem rohen Fisch verzehrt, befallen sie auch denjenigen, der sie zu sich nimmt, ob Mensch oder Hund. Wenn Sie also Ihrem Hund regelmäßig etwas Fisch geben wollen, sollten Sie diesen vorher kurz dünsten oder in einem guten Speiseöl anbraten. Durch die Hitze werden Fadenwürmer abgetötet und können so bei Ihrem Vierbeiner keinen Schaden mehr anrichten.

Dürfen Tischreste gefüttert werden?

Bei der Frage, ob ein Hund auch Tischreste erhalten soll, scheiden sich die Geister der Hundekenner. Was ist nun richtig, was ist falsch? Beide Seiten haben durchaus vernünftige und nachvollziehbare Argumente. Die Wahrheit liegt wie immer irgendwo in der Mitte.

Tischreste sind nichts für den Hund

Wer Essensreste im Futternapf des Hundes rigoros ablehnt, führt in der Regel zur Begründung an, dass das Essen auf dem Tisch nur auf die Bedürfnisse der Menschen zugeschnitten sei, nicht aber auf die des Hundes. Jeder Hund, der sich von menschlichen Essensresten ernähren müsse, laufe Gefahr, früher oder später durch den Mangel an einem oder mehreren Nährstoffen zu erkranken.

Tischreste schaden nicht

Auf der anderen Seite stehen diejenigen, die absolut überzeugt davon sind, dass ihr Hund mit derselben Nahrung gesund ernährt wird, wie sie von uns Menschen benötigt wird. Sie können sich nicht vorstellen, dass in einer speziellen Hundenahrung, die diverse Schritte der Vorverarbeitung durchlaufen hat und überhaupt nicht mehr wie natürliche Nahrung aussieht, noch irgendetwas an lebendigen Inhaltsstoffen enthalten ist. Tag für Tag dasselbe Einheitsfressen könne gar nicht gesund sein, behaupten die Befürworter.

Essensrest ist nicht gleich Essensrest

Die Verfechter der Fütterung von Tischresten haben sicher gar nicht so Unrecht. Wie Sie aus den letzten Kapiteln bereits entnehmen konnten, ernährten sich auch die Vorfahren unserer Hunde von (vorverdautem) Getreide, Gemüse und sogar frischem Obst, und sie tun es auch heute noch. Was also dürfen Sie Ihrem Hund vom Tisch füttern, was nicht? Die folgende Tabelle gibt Auskunft.

81

Auch Tischreste sollte Bello auf jeden Fall in seiner Futterschüssel serviert bekommen, sonst leisten Sie der lästigen Bettelei Vorschub.

82

Auch wenn es teilweise auf Unverständnis stößt: Machen Sie Ihrer Familie und Ihren Bekannten klar, was Bello fressen darf und was nicht.

🐕 Diese Tischreste dürfen gefüttert werden

▶ Reis, auch leicht gesalzen
▶ Nudeln ohne Soße
▶ Gedünstetes Gemüse wie Möhren, Sellerie, Brokkoli etc. mitsamt dem Kochwasser
▶ Grünes Blattgemüse wie Spinat, auch überbrühter Salat, allerdings ohne Salatsoße
▶ Eine Hand voll ungewürztes, gekochtes oder in Speiseöl angebratenes Fleisch (außer Schwein)
▶ Eine Hand voll Fisch, ungewürzt und gekocht oder angebraten

🐕 Diese Tischreste dürfen nicht gefüttert werden

▶ Schweinefleisch, weder roh noch gekocht
▶ Wurstprodukte aus Schweinefleisch
▶ Luftgetrocknete Salami aus Schweinefleisch
▶ Fette, stark gewürzte Soßen
▶ Fette, scharf gewürzte Würste
▶ Fleisch, das durch Pökeln oder Räuchern haltbar gemacht wurde
▶ Süßigkeiten – gleichgültig ob Schokolade, Kekse, Cremes, Kuchenreste, Schokoriegel etc.

Soll ein Hund Knochen zu fressen bekommen?

Diese Frage wird unter Hundehaltern heftig diskutiert. In unserem Ort lebt ein Bauer, der seinen Hunden seit Jahrzehnten regelmäßig Knochen füttert. Sogar sämtliche Hühnerknochen, die nach seiner Mahlzeit anfallen, gibt er in den Futternapf, ohne dass dabei jemals eines seiner Tiere Probleme bekommen hätte. Hatte er bisher einfach nur Glück? Und hat jener andere Hundebesitzer, von dem wir neulich erfuhren, einfach nur Pech? Sein Hund musste bereits in jungen Jahren eine schwere Operation über sich ergehen lassen, weil er sich aufgrund eines scharfkantigen Knochens, den er gefressen hatte, einen so genannten Darmriss zugezogen hatte. Die Behandlung war teuer und langwierig, eine große Operation nicht zu umgehen.

Große Knochen sind am ungefährlichsten

Wir selbst geben unseren Hunden auch ab und zu einen großen Kalbsknochen, den wir bereits beim Metzger quer aufsägen lassen, damit die Hunde das Mark herauslecken können. Weiterhin schaben sie mit Hingabe das letzte Fleisch und das Knorpelgewebe an den dicken Seiten des Knochens ab.

Besonders geeignet: Kalbsknorpel

Bedenkenlos können Sie hin und wieder so genannte Kalbsknorpel füttern, da sie mit Sicherheit keine inneren Verletzungen verursachen. Auch hierbei müssen die Hunde fest zubeißen, sie stärken die Kaumuskulatur und säubern ihre Zähne. In diesen Knorpeln sind jedoch keine spitzen Knochenteile enthalten.

83

Kalbsknorpel dürfen nicht täglich und in großen Mengen gegeben werden, da sie den Darminhalt verfestigen.

Für Hunde ein großes Vergnügen: Der Knochen, an dem sie ihre Kaumuskulatur trainieren können.

81

Braucht ein Hund Kauprodukte?

84

Wenn Hunde unangenehm aus dem Maul riechen, liegt das oft an Zahnstein. Diesem kann durch Kauprodukte vorgebeugt werden.

Nahrungsmittel, an denen Ihr Hund ausgiebig herumkauen kann, sind durchaus wichtig für seine »Wellness«. Blicken wir abermals auf den Urahn unseres Hundes. Wölfe vertilgen ihr Beutetier fast vollständig. Sie fressen nicht nur die schnell verschlingbaren Teile wie Innereien und Fleisch, sondern nagen auch an so schwer verdaulichen Dingen wie Knochen, Knorpel und sogar an den Hufen herum. Dieses Verhalten hat seinen Sinn. Vor allem der in Knochen und Knorpeln enthaltene Kalk dient dem eigenen Kalkhaushalt des Wolfes. Durch das Benagen säubert er zudem auf natürliche Weise sein wichtigstes Werkzeug im Kampf um das tägliche Überleben: sein Gebiss. Frei lebende Wölfe haben auch in hohem Alter keinen Zahnstein. Ihre Zähne sind weiß und gesund, und weder Ablagerungen noch Karies machen ihnen zu schaffen.

Zahnstein und seinen Folgen kann man vorbeugen

Ganz anders dagegen verhält es sich bei unseren Haushunden. Bereits junge Hunde im Alter von einem Jahr weisen die ersten bräunlichen Verfärbungen um die Zahnhälse ihres Gebisses herum auf. Bei manchen Hunden scheint zwar eine erbliche Veranlagung zur Zahnsteinbildung zu bestehen, dies bedeutet aber nicht, dass ein Vierbeiner mit einer solchen Neigung auch unbedingt für immer unter starkem Zahnsteinbefall leiden muss.

Jeder Hund braucht etwas zu kauen

85

Kaufen Sie kein Dosenfuttersorten, denen Karamell zugesetzt wurde, da dies die Zahnsteinbildung sehr stark fördern kann.

Viele Hunde werden nur mit so genanntem Weichfutter (halbfeucht) gefüttert. Dieses aber bietet einem Vierbeiner nicht genügend Möglichkeiten, ordentlich zu kauen. Die Folge sind harte, braune Verfärbungen am Zahnhals, die – bleiben sie unbeachtet – zu üblem Maulgeruch, später dann zu entzündetem Zahnfleisch und zu lockeren bzw. ausfallenden Zähnen führen. Außerdem bekommen die meisten Haushunde »zwischendurch« zu viel zu naschen, meist weiche

»Snacks« oder Gebäck vom Tisch. Natürlicher wäre für einen Hund das Kauen an harten Nahrungsmitteln. Hierbei nämlich schubbert sich ein Großteil des anfangs noch weichen Zahnbelages (Plaque!) wieder ab. Durch die vermehrte Speichelbildung beim Kauen werden Zähne und Mundraum zusätzlich desinfiziert.

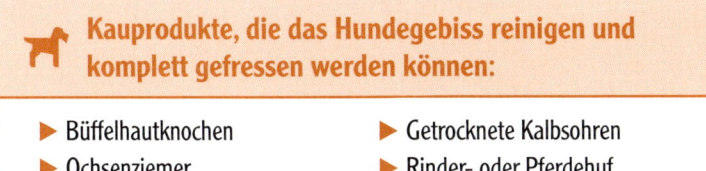

Kauprodukte, die das Hundegebiss reinigen und komplett gefressen werden können:

▶ Büffelhautknochen   ▶ Getrocknete Kalbsohren
▶ Ochsenziemer   ▶ Rinder- oder Pferdehuf

Der Tierarzt hilft bei Zahnsteinbildung

Es ist wichtig, dass Sie das Gebiss Ihres Hundes regelmäßig kontrollieren lassen. Vor allem ältere Hunde neigen trotz aller vorbeugenden Maßnahmen oft zu Zahnsteinbildung. Bevor diese allerdings überhand nimmt, kann der Tierarzt kleinere Schichten problemlos und ohne dass der Hund betäubt werden muss entfernen.

Hundebrot und Hundekekse

Einen reinigenden Effekt für das Gebiss des Hundes hat auch so genanntes Hundebrot. Es besteht aus großen, hart gebackenen Riegeln. Für kleinere Hunde gibt es sie in einem kleineren Format und weniger hart – sie sind eher so etwas wie Hundekekse. Die Inhaltsstoffe sind fast immer identisch: Rohprotein, Fett, Rohfaser, Rohasche, Kalzium und Phosphor. Hundebrot besteht zum größten Teil aus aufgeschlossenem, gebackenem Getreide. Die angegebenen Proteine werden in Form von Eiern zugesetzt, die Mineralstoffe Kalzium und Phosphor der Masse untergemischt. Achten Sie darauf, dass Sie die empfohlene tägliche Menge für Ihren Hund nicht überschreiten! Rechnen Sie diese in den täglichen Nahrungsanteil ein, da sonst Ihr Hund zu dick wird.

86 Füttern Sie Ochsenziemer & Co. auf der Terrasse oder dem Balkon – so bleibt Ihnen der unangenehme Geruch in der Wohnung erspart.

87 Sie haben einen Kanten Vollkornbrot übrig? Schneiden Sie ihn in Scheiben, härten Sie ihn im Ofen nach und bestreichen Sie ihn mit etwas Butter: Fertig ist ein preiswertes Hundebrot!

Harte Snacks für vermehrte Speichelbildung

Hundebrot und Hundekekse können Sie Ihrem Hund als Snacks zwischendurch geben. Am besten ist es aber, wenn sich Bello nach den Hauptmahlzeiten darüber hermacht. Sie regen die Speichelbildung an und befreien so das Gebiss von Nahrungsresten und Zahnbelag. Durch die harte Konsistenz der Riegel muss der Hund kräftig zubeißen, wodurch die Kaumuskulatur trainiert und gestärkt wird.

Wie viele Snacks pro Tag?

88

Der Fachhandel bietet auch diätetische Kekse für Hunde an, die mit ihrem Gewicht zu kämpfen haben.

Denken Sie immer daran, dass Hundebrot oder Hundekekse Nahrungsmittel sind, die folglich unbedingt in den täglichen Verbrauch an Futter miteinberechnet werden sollten! Wie viele Riegel am Tag Ihr Hund zusätzlich zu seinem Hauptfutter bekommen darf, können Sie im Normalfall auf der Packung ablesen. Ansonsten gilt: Je nach Art und Größe zwei und vier Riegel pro Tag. Es ist sinnvoll, solche Zusatzgaben mit den Familienmitgliedern abzusprechen.

Wie viel Wasser braucht ein Hund?

89

Reinigen Sie den Wassernapf regelmäßig. Kalk und Grünspan setzen sich gern darin fest.

Auch bei diesem Thema gibt es Unsicherheiten. Der einfachste Weg ist, seinem Hund jederzeit Zugang zu einer Schüssel mit frischem Wasser zu verschaffen, so dass er immer trinken kann, wenn er durstig ist. Wir kennen allerdings auch einen Hundehalter, der es ganz anders macht: Sein Hund lebt ausschließlich draußen im Zwinger. Der Vierbeiner bekommt tagsüber, während sein Besitzer arbeiten geht, nur morgens und abends nach dem Fressen einen Napf voll frischem Wasser. Dieser Hundehalter rechtfertigt seine sparsamen Rationen damit, dass sein Hund tagsüber nicht aus dem Zwinger herauskomme und stets alles vollurinieren würde, wenn er mehr Wasser bekäme. Außerdem würde ein Hund, der wenig trinkt, beim Koten viel härtere »Würste« absetzen, die dann leicht aus dem Zwinger entfernt werden könnten. Unserer Ansicht nach ist das Tierquälerei.

Achten Sie bei Spaziergän-gen darauf, dass Ihr Hund kein brackiges Wasser trinkt.

Wasser ist Leben

Der Körper des Hundes besteht zu ca. 70 Prozent aus Wasser, wie der des Menschen auch. Der Gesamtwasserbedarf eines Vierbeiners liegt zwischen 40 und 200 Milliliter Wasser pro Kilogramm Lebendmasse. Bei Hitze, körperlicher Anstrengung oder Durchfall erhöht sich der Wasserbedarf und auch die Häufigkeit der Aufnahme entsprechend. Ein großer Hund mit ungefähr 30 Kilogramm Gewicht benötigt also mindestens 1.200 Milliliter Wasser täglich. Gesunde Vierbeiner, die ständigen Zugang zu frischem Wasser haben, nehmen immer so viel Flüssigkeit zu sich, wie sie brauchen. Aus reiner Bequemlichkeit sollte also einem Hund niemals das Wasser rationiert werden. Ohne Futter können Hunde tagelang, ja sogar wochenlang auskommen. Ohne Wasser dagegen kann Leben nicht existieren. Stellen Sie also sicher, dass Ihr Hund jederzeit seinen Wassernapf erreichen kann, in welchem er auch möglichst ständig frisches Wasser vorfindet. Kontrollieren Sie vor allem in den heißen Sommermonaten täglich den Trinknapf. Viele Hunde lehnen lauwarm gewordenes Wasser ab und trinken dann lieber gar nichts, obwohl der Napf randvoll ist.

90

Zum Reinigen von Futter- und Wassernäpfen sollten Sie nie scharfe oder ätzende Reinigungsmittel verwenden, es reicht ein mildes Haushaltsspülmittel. Danach Näpfe gut ausspülen!

Ein glückliches Hunde-leben hängt nicht nur vom guten Futter ab.

Für ein natürliches Hundeleben

Selbst wenn das Futter noch so perfekt zusammengestellt, wenn die Zutaten noch so erlesen sind: Zu einer natürlichen und gesunden Hundehaltung gehört noch mehr, denn viele Hunde werden heutzutage leider nicht mehr artgerecht gehalten. Eine gesunde Fütterung ist ein Baustein, mit dem das Fundament zu einem glücklichen Hundeleben gelegt wird. Weitere fünf Bausteine möchten wir Ihnen in diesem Kapitel kurz vorstellen.

Erster Baustein: Natürliches Futter

Wie Sie in diesem Buch ausführlich erfahren haben, ist das Wichtigste bei der Ernährung des Hundes, ihm möglichst natürliches Futter vorzusetzen. Wer nicht selbst kochen möchte, sollte unbedingt auf ein qualitativ hochwertiges Futter zurückgreifen und diesem möglichst naturbelassene Zusätze hinzufügen, die die Gesundheit und somit die »Wellness« des Hundes auf einzigartige Weise fördern können.

Zweiter Baustein: Artgerechte Bewegung

Hunde gehören zu den so genannten Lauftieren und brauchen täglich genügend Bewegung, um sich wohlzufühlen. Denn durch das Laufen und Toben wird auf natürliche Weise der Stoffwechsel angekurbelt. Das Bedürfnis an Bewegung differiert selbstverständlich von Rasse zu Rasse und sollte dementsprechend angepasst werden. Der eine Hund joggt liebend gern mit Frauchen oder Herrchen, oder er ist ein unermüdlicher Ballspieler, will schwimmen, im Sand buddeln oder mit anderen Hunden toben. Hierzu gehören vor allem alle mittelgroßen,

91

Informieren Sie sich über die natürliche Haltung von Hunden, denn sie ist neben einer gesunden Ernährung lebenswichtig.

86

langbeinigen Hunde sowie alle Vierbeiner, die auf bestimmte ausgeprägte Eigenschaften gezüchtet wurden, wie Laufhunde und Gebrauchshunde. Dem anderen Hund wiederum genügt der ausgedehnte, aber gemütliche Spaziergang, bei dem er höchstens das eine oder andere Mal einen Ball oder ein Stöckchen verfolgt. Alle kurzbeinigen und auf ruhige Charaktereigenschaften gezüchteten Hunde sind hierbei angesprochen.

Achten Sie auf die Bedürfnisse Ihres Hundes

Wichtig ist, dass Sie genau erkennen, wie viel Bewegung Ihr Hund täglich für seine »Wellness« braucht. Wenn Sie nach einem gemeinsamen Spaziergang nach Hause kommen, und Ihr Hund legt sich zufrieden in sein Körbchen, auf seinen Platz oder in sein Hundehaus, war die Bewegung ausreichend. Schleppt er hingegen ständig ein Spielzeug nach dem anderen an, steht schwanzwedelnd an der Tür und verlangt nach mehr, war der Spaziergang schlichtweg zu kurz oder zu langweilig für ihn. Der individuelle Bewegungsdrang wird übrigens auch durch rassetypische Eigenschaften mitbestimmt.

92

Alles hängt zusammen: Ein gut ernährter Hund ist viel lauffreudiger als ein mangelernährtes Tier.

Längere Wanderungen durch die Natur genießen auch Kinder und Hunde, wenn Sie für ausreichend Abwechslung sorgen.

87

Dritter Baustein: Frische Luft und Sonne

93

Wann immer es geht, sollten Sie Ihrem Hund einen Aufenthalt an der frischen Luft gönnen, gleichgültig, ob im Garten, auf der Terrasse oder auf dem Balkon: Gesunde Hunde genießen den Wind genauso wie die wärmende Sonne. Auch ein Regenschauer schadet ihnen nicht. Hunde, die im Herbst eine dichte Unterwolle ausbilden, sollten sich unbedingt auch im Winter viel im Freien aufhalten. Sie genießen es in der Regel sehr, sich im Schnee zu wälzen. Durch den häufigen Witterungsreiz wird das Immunsystem angekurbelt, und diese Hunde werden nur äußerst selten krank. Die Frischluftfanatiker unter den Hunden fallen durch dichtes, glänzendes Fell auf, vor allem aber auch dadurch, dass sie fast gar nicht den muffigen Hundegeruch ausströmen, der sich in so mancher Wohnung von Hundebesitzern auf unangenehme Weise bemerkbar macht.

> **Achtung** Ob Garten, Terrasse oder Balkon: Sorgen Sie unbedingt für einen trockenen, zugfreien und Schatten spendenden Platz, an welchen sich Ihr Hund sowohl bei einem Regenguss als auch bei Hitze zurückziehen kann.

94

Vierter Baustein: Eine gesunde, giftfreie Umgebung

Umweltgifte und Gefahren lauern überall: in der Wohnung, im Garten und beim Spazierengehen. Achten Sie darauf, dass Ihr Hund mit möglichst wenig davon in Kontakt kommt. Lebt der Vierbeiner in der Wohnung einer Familie mit Kindern, sind vermutlich sowieso die meisten Gefahren bereits verbannt worden, als da wären: giftstoffbehandelte Teppiche, ätzende und hochgiftige Putzmittel, offen liegende Stromkabel, leicht zugängliche Steckdosen oder giftige Topfpflanzen. Auch Zigarettenrauch und so genannte Raumsprays sind für Hunde schädlich.

Denken Sie immer daran, Ihren Lebensraum sowohl für Kinder als auch für Ihren Hund gefahrenfrei zu halten!

Ist Ihr Garten hundesicher?

Auch im Garten lauern Gefahren: Gehen Sie möglichst sparsam mit Dünge- und Spritzmitteln um. Ist deren Einsatz nicht zu umgehen, sollte sich Ihr Hund nicht im Garten aufhalten, wenn Sie sie gerade einsetzen. Überprüfen Sie auch die Sträucher und Pflanzen in Ihrem Garten auf deren mögliche gesundheitsbeeinträchtigende Wirkung.

Auch beim Spaziergang ist Vorsicht geboten

95

Selbst im kleinsten Hundezwerg steckt ein kleiner Wolf – das gilt für seine Fütterung wie für seine Pflege.

Gehen Sie möglichst wenig an stark befahrenen Straßen entlang. Denken Sie daran, dass Ihr Hund in Auspuffhöhe jede Menge Kohlenmonoxid einatmet. Aber auch auf den Feldern sollten Sie vor allem im Frühjahr vorsichtig sein: Von März bis Juni werden in bestimmten Abständen Herbizide, Fungizide und Insektizide (gegen Unkraut, Pilze und Ungeziefer) gespritzt. Bedenken Sie, dass auch alle an gespritzte Felder angrenzenden Wegränder von diesen Giften abbekommen, ebenso wie benachbarte Felder und Wiesen. Wechseln Sie in solchen Fällen die gemeinsame Strecke.

Fünfter Baustein: Psychisches Wohlbefinden

Was Hundehalter heutzutage unter Tierliebe verstehen, schwankt zwischen zwei extremen Auffassungen hin und her. Tatsache ist, dass sich ein Hund psychisch umso elender fühlt, je weiter die ihm zugedachte Behandlung vom natürlichen Maß abweicht. Weder isolierte Zwingerhaltung noch ein Übermaß an Verhätschelung sind für einen Hund artgerecht.

Hunde sind Rudeltiere

Hunde brauchen den Anschluss an ihre Familie. Sie wollen einen Platz innerhalb der Familienhierarchie zugewiesen bekommen, auf dem sie sich sicher fühlen. Weist man ihnen diesen Platz nicht zu, werden sehr bald Dominanzprobleme mit dem Hund auftreten. Auf der anderen Seite brauchen alle Vierbeiner genügend Ruhephasen, in denen sie sowohl ihre körperlichen als auch ihre geistigen Kräfte wieder aufbauen. Hunde wollen so leben, wie die Natur es ihnen mitgegeben hat: Im Wolfsrudel ihrer Vorfahren wurde gemeinsam geruht, gemeinsam gejagt und das Zusammengehörigkeitsgefühl immer wieder aufs Neue bestärkt und gefestigt. Jeder Hundehalter, der sich dieser Tatsache bewusst ist, wird sich hüten, seinen Vierbeiner stundenlang in einem Zwinger wegzusperren oder ihn allzu sehr zu vermenschlichen und ihn seiner Hundewürde zu berauben.

Sechster Baustein: Natürliche Gesundheitsvorsorge

Jeder Hundebesitzer sollte einen Blick dafür entwickeln, ob sein Hund fit ist wie immer oder ob er sich plötzlich in irgendeiner Beziehung anders verhält. Wir nennen dies: »Seinen Hund spüren«. Da er ja nicht reden kann, sollten Sie ihn während der Zeit Ihres Zusammenseins kurz kritisch unter die Lupe nehmen. Dazu gehört ein Blick

96 Informieren Sie sich beim Tierarzt oder durch entsprechende Lektüre über homöopathische Mittel für den Hund – sie sind für eine natürliche Gesundheitsvorsorge ideal.

97 Im Doppel wirksam: Kräftige Bürstenmassagen und gutes Futter – Fellglanz ist dann garantiert!

auf seinen Kot, der sehr viel über sein körperliches Wohlergehen aussagt. Der Kot eines gesunden, gut ernährten Hundes ist gut geformt und wird beinahe in einem Stück abgesetzt. Weiterhin sollten Sie ab und zu sein Fell und seine Haut auf Parasiten untersuchen, seine Augen auf Rötungen oder Trübungen, seine Ohren auf Geruch und Sauberkeit sowie sein Gebiss auf beschädigte Zähne und Zahnstein.

»Wellness« durch regelmäßige Pflege

Zur Gesundheitsvorsorge gehört auch die richtige Pflege. Kämmen und Bürsten haben nicht nur einen kosmetischen Zweck, sondern regen gleichzeitig wie bei einer Massage den Kreislauf an. Ihr Hund fühlt sich danach wohler. Außerdem wird das Fett, das von der Haut abgegeben wird, gleichmäßig im Fell verteilt, wo es als natürliche Schutzschicht gegen Kälte und Nässe wirkt. Die meisten Hunde lieben es, wenn sie gebürstet werden, da sich ihr Besitzer in solchen Momenten intensiv nur mit ihnen beschäftigt. Deshalb bringt regelmäßige Fellpflege auch einen positiven sozialen Aspekt mit sich: Die Bindung zwischen Mensch und Hund wird gefestigt.

08

Führen Sie eine Art Tagebuch, in das Sie wichtige Daten eintragen: Wann war die letzte Impfung? Wann die letzte Läufigkeit? Wann wurde Ihr Hund von einer Zecke gebissen?

Regelmäßiges Bürsten dient nicht nur der Pflege Ihres Hundes, sondern fördert auch sein psychisches Wohlbefinden.

Beobachten Sie die Nahrungsaufnahme Ihres Hundes

99

Suchen Sie sich unbedingt einen »Tierarzt Ihres Vertrauens«.

Es ist wichtig, dass Sie erkennen lernen, ob Ihr Hund normal trinkt und frisst. Trinken im Übermaß muss immer als Warnzeichen aufgefasst werden, nachlassender oder gar kein Appetit bei einem bisher gesunden »Fresser« sogar als Alarmzeichen. In diesem Fall ist immer der Gang zum Tierarzt angesagt. Allerdings verschiebt sich der Bedarf eines Hundes an Wasser bzw. Futter analog zu den Jahreszeiten: Im Sommer bei großer Hitze benötigt ein gesunder Hund logischerweise mehr Flüssigkeit, um seinen Kreislauf stabil zu halten, als im Winter, und nach viel Bewegung oder sportlichen Anstrengungen ist sein Durst größer als zu Ruhezeiten. Dasselbe gilt auch für seinen Appetit. Im Winter benötigt ein Hund etwas mehr Futter, vor allem, wenn er viel draußen gehalten wird. Während der kalten Jahreszeit darf er dann – je nach Rasse bzw. Größe – auch ein wenig zunehmen, ohne allerdings dick zu werden. Solche Schwankungen im Nahrungsbedarf sind völlig natürlich und kein Anlass zur Sorge. Überprüfen Sie auch regelmäßig den Impfschutz Ihres Hundes. Machen Sie sich einen Vermerk in Ihren Kalender, damit Sie den nächsten Termin nicht versäumen.

Beherzigen Sie zum Wohl Ihrer Hunde möglichst viele der Ratschläge, die Ihnen in diesem Buch vorgestellt wurden.

Nachwort

In den vorangegangenen Kapiteln haben Sie sehr viel über die Steigerung des Wohlbefindens Ihres Hundes erfahren. Vielleicht haben Sie das eine oder andere Mal den Eindruck gewonnen, dass die angeführten natürlichen Zusätze zu zahlreich sind, um alle dem täglichen Hundefutter zusetzen zu können. Lassen Sie sich dadurch nicht irritieren: Alle genannten natürlichen Zusätze können Sie ganz individuell für Ihren Hund auswählen, je nachdem ob Sie einen jungen Hund haben, einen Senior oder einen vierbeinigen Partner, der mitten in der Blüte seines Lebens steht. Es ist nie zu früh oder zu spät, die körperliche Gesundheit und das Wohlbefinden seines Tieres zu unterstützen, zu steigern oder gar wiederherzustellen.

Die Zivilisationskrankheiten nehmen zu

Auch der gesündeste Hund wird trotz optimaler Ernährung und Pflege einmal krank. Allein aufgrund unserer Umwelt, die durch die rücksichtslose Einwirkung der Menschen immer mehr geschädigt wird, treten bereits bei unseren Haustieren Zivilisationskrankheiten wie Allergien immer öfter auf. Weiterhin hat auch die Hundezucht mit ihren manchmal sehr extremen Rassemerkmalen, die teilweise als artwidrig oder als Tierquälerei bezeichnet werden müssen, das ihre dazu beigetragen, den allgemeinen Gesundheitszustand der Haushunde negativ zu beeinflussen. Selbst Mischlingshunde, die früher im Allgemeinen für gesünder als Rassehunde gehalten wurden, mussten dieses Privileg längst aufgeben, denn ein Vierbeiner, der aus zwei unterschiedlichen Rassen entstanden ist, erbt nicht nur deren guten, sondern auch die schlechten Eigenschaften – und dazu gehören natürlich auch rassespezifische Leiden und Krankheiten. In solchen Fällen ist ein guter Tierarzt, der Ihren Hund genau kennt und Ihr Vertrauen und das Ihres Hundes besitzt, unbezahlbar. In Notfällen sollte er zu jeder Tages- und Nachtzeit erreichbar sein. Auch wir haben schon zu

100

Informieren Sie sich ständig weiter über neueste Forschungsergebnisse im Bereich Hundeernährung – Ihr Hund dankt es Ihnen mit Gesundheit.

Eine Wohltat für Körper und Seele – der tägliche Spaziergang mit dem Hund.

»Ich weiß mir kein schöneres Gebet, als das, womit die altindischen Schauspiele schließen: ›Mögen alle lebenden Wesen von Schmerzen frei bleiben‹!«
Arthur Schopenhauer

nachtschlafender Zeit in der Praxis unseres Tierarztes gestanden: Sei es, weil Petra Durst-Bennings Labradormix die ganze Nacht unter unstillbarem Durchfall gelitten hatte und bereits völlig ausgetrocknet war, oder weil Carola Kuschs alte Schäferhündin beim letzten abendlichen Spaziergang von einem anderen Hund angefallen und so schwer im Gesicht verletzt wurde, dass die Wunden mit vier Klammern zugezwickt werden mussten.

Gesunde Zusätze und kleine Geheimtipps in der Ernährung ersetzen nicht die Betreuung durch einen guten Tierarzt. Dennoch wird kein Tierarzt etwas dagegen haben, wenn jeder Hundebesitzer all das vermeidet, was seinen Vierbeiner krank macht. Oder andersherum gesagt: Wer seinen Hund wirklich liebt, wird ihn artgerecht pflegen, erziehen und vor allem füttern. Einem gut ernährten – nicht gut genährten! – Hund sieht man auf den ersten Blick an, dass er sich wohl fühlt. Er ist fit und lebendig bis ins hohe Alter.

Mit Hilfe der natürlichen Zusätze, die wir Ihnen in diesem Buch vorgestellt haben, können Sie die Gesundheit und die »Wellness« Ihres Hundes auf ganz natürliche und einfache Art erhalten und ihm ein angenehmes Leben bieten!

Über die Autorinnen

Petra Durst-Benning ist seit 20 Jahren begeisterte Hundehalterin und Autorin zahlreicher Fachbücher. Sie war außerdem Chefredakteurin einer Hundezeitschrift. Ihr bevorzugtes Thema ist die artgerechte und natürliche Hundehaltung. Von Petra Durst-Benning ist im W. Ludwig-Verlag auch der Titel »Hausmittel für Hunde« erschienen.

Carola Kusch ist mit Hunden aufgewachsen, sie hält und züchtet Deutsche Schäferhunde. Die engagierte Hundesportlerin ist auch als Fachbuchautorin tätig. Carola Kusch unterhält außerdem eine Kolumne in der Zeitschrift »Das Tier«. Von ihr ist im W. Ludwig Verlag der Titel »Hundeerziehung – natürlich und artgerecht« erschienen.

Hinweis

Das vorliegende Buch ist sorgfältig erarbeitet worden. Dennoch erfolgen alle Angaben ohne Gewähr. Weder Autor noch Verlag können für eventuelle Nachteile oder Schäden, die aus den im Buch gemachten praktischen Hinweisen resultieren, eine Haftung übernehmen.

Empfehlenswerte Bücher

▶ Petra Durst-Benning; Hausmittel für Hunde, Ludwig Verlag.
▶ Petra Durst-Benning; Die Kräuterapotheke für Hunde, Franckh-Kosmos-Verlag.
▶ Carola Kusch; Natürliche Hundeerziehung, Ludwig Verlag.
▶ H. G. Wolff; Unsere Hunde gesund durch Homöopathie, Sonntag Verlag.
▶ Dr. Pitcairn's Complete Guide to Natural Health for Dogs & Cats, Rodale Press, Pennsylvania.
▶ Ilse Sieber; Hundezucht naturgemäß, Gollwitzer Verlag.

Bildnachweis

IFA-Bilderteam, Taufkirchen: 11 (Wunsch), 14 (Tschanz), 17 (Kohlhas), 18, 74 (BCI), 19 (Ritterbach), 21 (R. Maier), 22 (Direct Stock), 47 (Lahall), 81 (Reinhard), 85 (Wolf), 92 (Köpfle); Image Bank, München: 5, 27, 67 (Vikki Hart), 6 (Deborah Gilbert), 62 (Benn Mitchell), 65 (Sandy King), 89 (Elyse Lewin), 91 (D.W. Hamilton); Juniors, Senden: 1 (P. Gehlhar), 4 (N.N.), 9 (H. Grell), 13 (Chr. Steimer), 40, 70 (H. Kuczka), 51 (Nikita Kolmikow), 57, 58, 75, 94 (Ulrike Schanz), 77 (H. Botzenhardt), 79, 80 (St. Liebold); Mauritius, Mittenwald: 16 (Rosenfeld), 28 (Fritz), 49 (Frauke), 59 (C. Bergmann), 68 (Rutz), 73 (THFW), 86 (Fotofile), 93 (Arthur); Karin Skogstad, München: U4; Südwest Verlag, München: Titel/Fond + Einklinker, 25 (M. Tunger), 8 (Michael Nagy); Tony Stone, München: 53 (Charles Thatcher), 87 (Lori Adamski Peek); Alle nicht oben aufgeführten Freisteller stammen aus dem Archiv des Südwest Verlages.

Impressum

© 1999 W. Ludwig Buchverlag in der Verlagshaus Goethestraße GmbH & Co. KG, München.
Der W. Ludwig Verlag ist ein Unternehmen der Verlagshaus Goethestraße GmbH & Co KG

Redaktion:
Gisela Klemt

Projektleitung:
Antje Eszerski

Redaktionsleitung:
Dr. Reinhard Pietsch

Bildredaktion:
Gabi Feld

Produktion:
Manfred Metzger (Leitung), Annette Aatz, Dr. Erika Weigele-Ismael

Umschlag:
Till Eiden

DTP/Satz:
Mihriye Yücel

Druck:
Weber Offset, München

Bindung:
R. Oldenbourg, München

Printed in Germany

Gedruckt auf chlor- und säurearmem Papier

ISBN 3-7787-3820-8

Register